Faserforschung und Textiltechnik

Begründet von
Erich Correns und Walter Frenzel

Herausgegeben von
Wolfgang Bobeth · Hermann Klare
Burkart Philipp · Christian Ruscher

Schriftleiter
J. Brämer und I. Ruscher

Akademie-Verlag
Berlin

Faserforsch. u. Textiltechnik / Z. Polymerforsch.
25. Jahrg. · Heft 9 · Seiten 367–418 · Berlin, im September 1974
FSTXA7 25 (9) 367–418 (1974)
Preis: 15,— M · Sonderpreis DDR: 9,— M

Faserforschung und Textiltechnik

Zeitschrift für Polymerforschung

Begründet von Erich Correns und Walter Frenzel

Herausgegeben von

Wolfgang Bobeth – Hermann Klare – Burkart Philipp
Christian Ruscher

unter Mitwirkung von

E. Correns (Berlin) – H. Böhringer (Rudolstadt)

R. Barthel (Dresden) – V. Gröbe (Teltow) – A. Heger (Dresden) – G. Reinisch (Teltow) – G. Wiedemann (Dresden) – F. Winkler (Teltow) – H. Zimmermann (Teltow)

K.-H. Banke (Karl-Marx-Stadt) – H. Behrens (Merseburg) – W. Berger (Dresden) – H. Frommelt (Berlin) – H.-H. Hörhold (Jena) – K. Pestel (Karl-Marx-Stadt) – W. Sattler (Rudolstadt) – J. Ulbricht (Merseburg)

Schriftleiter: J. Brämer und I. Ruscher

Die Zeitschrift „Faserforschung und Textiltechnik/Z. f. Polymerforschung" erscheint monatlich in Heften zu 48 Textseiten im Format A 4. Der Preis für das Einzelheft beträgt M 15,– (Sonderpreis für DDR M 9,–), für den Vierteljahrbezug M 45,– (Sonderpreis für DDR M 27,–), zuzügl. Bestellgeld. Die Berechnung erfolgt zu Beginn eines Vierteljahrs für 3 Hefte. Falls keine Bezugsmöglichkeit durch eine Buchhandlung vorhanden ist, wenden Sie sich bitte in der Deutschen Demokratischen Republik an ein Postamt oder den Verlag, in den sozialistischen Ländern an den jeweiligen Postzeitungsvertrieb, in der Bundesrepublik Deutschland an die Auslieferungsstelle Kunst und Wissen, Erich Bieber, 7 Stuttgart 1, Wilhelmstraße 4–6, in allen übrigen Ländern an den internationalen Buch- und Zeitschriftenhandel oder den Buchexport, Volkseigener Außenhandelsbetrieb der Deutschen Demokratischen Republik, DDR-701 Leipzig, Postschließfach 276, oder den Akademie-Verlag, DDR-108 Berlin, Leipziger Str. 3–4 (Fernruf: 220441; Telex-Nr. 0112020; Postscheckkonto 35021). Bestellnummer dieses Heftes: 1014/25/9. Alleinige Anzeigenannahme DEWAG-WERBUNG, DDR-1054 Berlin, Wilhelm-Pieck-Str. 49, und alle DEWAG-Betriebe in den Bezirksstädten der DDR.

Herausgeber und verantwortlich für den Inhalt: Prof. Dr.-Ing. habil. Wolfgang Bobeth, Institut für Technologie der Fasern der Akademie der Wissenschaften der DDR, 801 Dresden, Hohe Str. 6, Fernruf: 46580, Prof. Dr. Hermann Klare, Prof. Dr. habil. Burkart Philipp und Dr. habil. Christian Ruscher, Institut für Polymerenchemie der Akademie der Wissenschaften der DDR, 153 Teltow-Seehof, Fernruf: Teltow 4831. Schriftleiter: Joachim Brämer und Dipl.-Chem. Ingeborg Ruscher, 153 Teltow-Seehof, Kantstr. 55. Verlag: Akademie-Verlag, DDR-108 Berlin, Leipziger Str. 3–4. Satz und Druck: VEB Druckhaus „Maxim Gorki", 74 Altenburg. – Veröffentlicht unter der Lizenznummer 1280 des Presseamtes beim Vorsitzenden des Ministerrates der Deutschen Demokratischen Republik. – Printed in the German Democratic Republic.

Band 25 • September 1974 • Heft 9

DK 677.46:677.494:546.723'175–145.02:541.572:539.572:539.184:535.33/.34

Jacobasch, Hans-Jörg, Meisel, Werner, Mehner, Hartmut, und *Flath, Hans-Joachim*

Mössbauerspektrometrische Untersuchungen zur Bindung von Eisen an faserbildende Polymere

Faserforsch. u. Textiltechnik/Z. Polymerforsch. **25** (1974) 9, S. 367—375. 11 Abb., 2 Tab., 22 Lit.

Es wird eine Übersicht über die Grundlagen der Mössbauerspektrometrie und ihre Anwendung für Strukturuntersuchungen von Eisenverbindungen gegeben. Der Bindungsmechanismus von Eisen, das aus $^{57}Fe(NO_3)_3$-Lösungen auf Cellulose-, Polyamid-6-, Polyester-, Polyacrylnitril- und Polytetrafluoräthylenfaserstoffe aufgebracht wurde, an diese Faserstoffe sowie die Haftung zwischen Cellulosefaserstoffen und Eisenoxidpigmenten werden unter Verwendung der Mössbauerspektrometrie untersucht.

DK 677.494.742.3:677.014.86/.87:541.24:677.019.252:677.818

Druzsbaczky, Gábor, und *Bodor, Géza,*

Schrumpfverhalten von Polypropylenfäden verschiedener relativer Molekülmassen

Faserforsch. u. Textiltechnik/Z. Polymerforsch. **25** (1974) 9, S. 392—396. 7 Abb., 1 Tab., 16 Lit.

An Polypropylenfasern unterschiedlicher rel. Molekülmassen und -verteilungen wurden die Auswirkungen der Hitzebehandlung untersucht. Beobachtet wurden der Schrumpf und die Strukturänderungen der Fasern. Die Orientierung der Moleküle wurde in den amorphen und kristallinen Phasen getrennt bestimmt und die Änderung des Orientierungsgrades verfolgt.

DK 634.081:661.728.3:547.458:543.544.25

Janson, Jan

Analytik der Polysaccharide in Holz und Zellstoff

Faserforsch. u. Textiltechnik/Z. Polymerforsch. **25** (1974) 9, S. 375—382. 8 Abb., 1 Tab., 20 Lit.

Für die Analyse von Kohlenhydraten in Holz und Zellstoff ist die Gaschromatographie von Alditoacetaten besonders zweckmäßig, und sowohl die Darstellung jener Derivate aus den Proben als auch die chromatographische Methode und die Auswertung der Resultate werden beschrieben. Schließlich wird die Berechnung von der Polysaccharidenzusammensetzung und ihre Anwendung besprochen.

DK 678.51.8(047.1):548.312(047.1):539.22:539.26:539.125.5:539.184

Seidel, Christian, Dechant, Johannes, und *Ruscher, Christian*

Gitterdynamik in Polymerfestkörpern. Fortschrittsbericht

Faserforsch. u. Textiltechnik/Z. Polymerforsch. **25** (1974) 9, S. 397—411. 8 Abb., 2 Tab., 154 Lit.

Im Hinblick auf die zunehmende Bedeutung der Untersuchung des Polymerfestkörpers wird eine Einführung in gruppentheoretische Methoden der Gitterdynamik gegeben. Auf verschiedene aktuelle Probleme der Gitterdynamik von makromolekularen Kettenmolekül-Kristallen wird eingegangen, sowie auf den Zusammenhang mit dem Spektrum im fernen Infrarot. Die Möglichkeiten, Phononenspektren durch inelastische Neutronenstreuung (INS) zu bestimmen, werden diskutiert. Verschiedene Phononenwechselwirkungen (Elektron-Phonon, Exciton-Phonon, optische Effekte) werden betrachtet.

DK 678.544.4–416:541.135–126:678.028:539.3

Vasil'eva, G. G., und *Petropavlovskij, G. A.*

Eigenschaften orientierter, chemisch vernetzter Filme aus wasserlöslichem Celluloseacetat

Faserforsch. u. Textiltechnik/Z. Polymerforsch. **25** (1974) 9, S. 382—386. 7 Abb., 2 Tab., 13 Lit.

In früheren Mitteilungen wurden die Eigenschaften isotroper, vernetzter Celluloseacetatfilme mit unterschiedlichem Substitutionsgrad beschrieben. In der vorliegenden Mitteilung werden einige Eigenschaften von einachsig orientierten durch chemische Vernetzung und räumlich strukturierten Filmen aus wasserlöslichem Celluloseacetat beschrieben.

DK 677.463:677.021.122/.123:677.019.542:541.182.021

Treiber, Erich

Probleme bei der Charakterisierung von Chemiefaserzellstoffen

Faserforsch. u. Textiltechnik/Z. Polymerforsch. **25** (1974) 9, S. 387—391. 2 Abb., 2 Tab., 3 Lit.

Verschiedene Fragen und Probleme der Chemiefaserzellstoffcharakterisierung werden eingehend diskutiert. Gründe für auftretende Verarbeitungsschwierigkeiten werden beleuchtet wie auch die Frage, wie weit rein analytische Daten das Prozeßverhalten beschreiben können. Es wird festgestellt, daß die Filterwertbestimmung immer noch große Aktualität besitzt, und einige Fragen hierzu werden besprochen.

Faserforschung und Textiltechnik 25 (1974) Heft 9
Zeitschrift für Polymerforschung

Mössbauerspektrometrische Untersuchungen zur Bindung von Eisen an faserbildende Polymere

Hans-Jörg Jacobasch+), *Werner Meisel*++), *Hartmut Mehner*++) *und Hans-Joachim Flath*+++)

+) *Akademie der Wissenschaften der DDR, Institut für Technologie der Fasern in Dresden*
++) *Zentralinstitut für Physikalische Chemie, Bereich Physikalische Methoden der Analytischen Chemie, Berlin*
+++) *Technische Universität Dresden, Sektion Chemie*

DK 677.46:677.494:546.723'175–145.2.02:541.572:539.184:535.33/.34

Es wird eine Übersicht über die Grundlagen der Mössbauerspektrometrie und ihre Anwendung für Strukturuntersuchungen von Eisenverbindungen gegeben. Der Bindungsmechanismus von Eisen, das aus $^{57}Fe(NO_3)_3$-Lösungen auf Cellulose-, Polyamid-6-, Polyester-, Polyacrylnitril- und Polytetrafluoräthylenfaserstoffe aufgebracht wurde, an diese Faserstoffe sowie die Haftung zwischen Cellulosefaserstoffen und Eisenoxidpigmenten werden unter Verwendung der Mössbauerspektrometrie untersucht.

Использование эффекта Мёссбауэра для изучения связывания железа волокнообразующими полимерами

Приведены принципы эффекта Мёссбауэра и его применения для изучения структуры соединений железа. Изучен механизм связывания наносимого в виде раствора $^{57}Fe(NO_3)_3$ железа целлюлозным, полиамидным, полиэфирным, полиакрилонитрильным и политетрафторэтиленовым волокнами, а также адгезия между целлюлозным волокном и пигментами на основе окиси железа.

Moessbauer Spectroscopic Investigations on the Bonding of Iron to Fibre-forming Polymers

The principles of Moessbauer spectroscopy and its application to the investigation of the structure of iron compounds are surveyed. The bonding mechanism of iron transferred from $^{57}Fe(NO_3)_3$ solution to cellulose, polyamide-6, polyester, polyacrylonitrile and polytetrafluoroethylene fibres as well as the adheasivity of iron oxide pigments to cellulose fibres have been investigated by Moessbauer spectroscopy.

1. *Einleitung*

Eisenverbindungen kommen auf vielfältige Weise in Kontakt mit Polymeren, speziell Faserstoffen. So z. B.

- als Verunreinigung der monomeren oder der polymeren Grundsubstanz,
- bei Verarbeitungs- und Veredlungsprozessen,
- durch Ablagerung aus Leitungswasser bei Waschprozessen,
- als Schmutzkomponente beim Gebrauch von Textilien.

Selbst in geringen Mengen beeinflussen Eisenverbindungen technologisch wichtige Eigenschaften von Polymeren, wie Thermo- und Lichtstabilität, Festigkeiten, Weißgrad. Der Mechanismus der Einwirkung von Eisenverbindungen auf die genannten Eigenschaften ist weitgehend unbekannt, da u. a. die Kenntnisse über die Bindungsverhältnisse zwischen Polymeren und Schwermetallsalzen noch gering sind. Aussagen über die Bindung von Eisensalzen an Makromoleküle sind mit mössbauerspektrometrischen Untersuchungen möglich [1, 2, 3]. Im folgenden werden Ergebnisse von Untersuchungen zur Bindung von Eisen an einige faserbildende Polymere unter besonderer Berücksichtigung von Cellulose und Polyamid 6 dargestellt. Es wurde der Bindungsmechanismus zwischen Polymeren und einem leicht hydrolysierenden Eisensalz, $Fe(NO_3)_3 \cdot 9H_2O$ untersucht, weil

- in der Praxis vorwiegend Hydrolyseprodukte von Eisensalzen in Kontakt mit Polymeren kommen,
- Hydrolyseprodukte von Eisensalzen einen starken Einfluß auf Polymereigenschaften ausüben [4].

Weiterhin wurde die Bindung zwischen Cellulose und wasserunlöslichen Eisenverbindungen untersucht, weil hieraus Aussagen über den Haftmechanismus zwischen Festkörpern erwartet wurden.

2. *Grundlagen der Mössbauerspektrometrie*

Auf die festkörperphysikalischen Grundlagen der *Mössbauer*-Spektrometrie wird hier nur kurz eingegangen. Für weiterreichende Darstellungen sei auf die Literatur verwiesen [5, 6, 7]. Der Untersuchungsmethode liegt der *Mössbauer*-Effekt zugrunde, d. h. die von *R. L. Mössbauer* entdeckte quasi-rückstoßfreie Resonanzemission und -absorption von Gammaquanten in Festkörpern [8]. Bei der Emission von Gammaquanten beim Zerfall metastabiler Atomkerne tritt Resonanz mit gleichen Atomkernen, d. h. Absorption von Gammaquanten auf, wenn sich die Atomkerne des Absorbers in gleicher Umgebung wie die des Strahlers befinden. Unterscheidet sich die Umgebung der Kerne des Absorbers von der der Kerne des Strahlers, so tritt nur dann Resonanzabsorption auf, wenn die Energie der eingestrahlten Quanten so geändert wird, daß sie der Anregungsenergie der Kerne im Absorber entspricht. In der *Mössbauer*-Spektrometrie wird die Energie der Gammaquanten dadurch variiert, daß sich der Strahler relativ zum Absorber bewegt (s. 3.2); in *Mössbauer*-Spektren werden also die mit einem Detektor für Gammastrahlen gezählten Impulse als Funktion der relativen Geschwindigkeit zwischen Absorber und Strahler aufgetragen.

Die *Mössbauer*-Spektrometrie ist bei tiefen Temperaturen nur unter Verwendung von Atomkernen durchführbar, deren unterstes metastabiles Energieniveau nicht über 150 keV liegt; für Messungen bei Zimmertemperatur darf es nicht über 35 keV liegen.

Für die spektroskopische Verwendung des *Mössbauer*-Effektes ist die Tatsache wichtig, daß der *Mössbauer*-Effekt unter Ausschluß der thermischen Verbreiterung Messungen mit äußerst geringen Linienbreiten, d. h. mit einer sehr hohen Energieschärfe der Gammastrahlung, erlaubt. Abgesehen von kleineren Korrekturen ist die Linienbreite hier allein durch die *Heisenberg*sche Unschärferelation

$$\Gamma\tau = \hbar \qquad (1)$$

(Γ = Halbwertsbreite, τ = mittlere Lebensdauer des angeregten Kernzustands, $\hbar = h/2\pi$, h = Plancksches Wirkungsquantum) gegeben. Sie beträgt für die 14,4 keV Strahlung des ^{57}Fe etwa $5 \cdot 10^{-9}$ eV. Damit ist ein enorm hohes energetisches Auflösungsvermögen ($14{,}4 \cdot 10^3/5 \cdot 10^{-9} \approx 3 \cdot 10^{12}$) gegeben, das zu einer Fülle spektroskopischer Anwendungen des *Mössbauer*-Effektes und damit zur Entwicklung der „*Mössbauer*-Spektrometrie" geführt hat.

Energetische Wechselwirkungen, die bei der chemischen Bindung bzw. in der Festkörperphysik eine Rolle spielen, liegen im allgemeinen in den Größenordnungen 0,01 bis 10 eV. Die energetischen Einflüsse auf den Fe-Kern und damit auf die Gammastrahlung werden nun jedoch durch die inneren Elektronenschalen stark abgeschirmt und um ca. den Faktor 10^{-5} und stärker reduziert.

Die normale thermische Linienverbreiterung liegt bei 10^{-2} eV, läßt also eine Auflösung solcher energetischer Einflüsse nicht mehr zu. Der *Mössbauer*-Effekt jedoch verhindert sowohl diese Verbreiterung als auch Verluste durch Rückstoß und liefert das benötigte Auflösungsvermögen.

Bisher wurden etwa 60 brauchbare Kernübergänge bei ca. 40 verschiedenen Elementen gefunden. Hierunter nimmt wegen seiner vom experimentellen Standpunkt günstigen Parameter das Isotop ^{57}Fe mit seiner 14,4 keV-Gammastrahlung eine bevorzugte Stellung ein, so daß mit Hilfe der *Mössbauer*-Spektrometrie zahlreiche Probleme der Chemie von Eisenverbindungen und des Adsorptionsmechanismus von Eisenionen an anorganische Trägermaterialien, wie Silikagel, Aerosil, Zeolithe u. a. geklärt werden konnten (vgl. [9, 10, 11]).

Für die Auswertung der unter Pkt. 4 beschriebenen *Mössbauer*-Spektren von Eisenverbindungen auf Faserstoffen sind folgende Wechselwirkungen, die die Lage des Kernniveaus (und damit die Linienlage) beeinflussen, von Interesse (vgl. [5, 6, 12]):

— Die *Coulomb*sche Wechselwirkung der Elektronendichte am Ort des Kerns mit der Kernladung, deren endliche Ausdehnung hier nicht vernachlässigbar ist, führt zu einer einfachen Linienverschiebung, der sog. Isomerieverschiebung δ. Sie ist gegeben durch

$$\delta = \frac{2}{5} \pi z e^2 [|\psi_A(0)|^2 - |\psi_Q(0)|^2] (R_a^2 - R_g^2) \qquad (2)$$

($|\psi(0)|^2$ = Elektronendichte am Kernort, die praktisch nur durch die s-Elektronen bestimmt wird; Q und A bezeichnen die Kerne in der Quelle bzw. im Absorber; R ist der effektive Kernladungsradius; a und g bezeichnen den angeregten und den Grundzustand des Kernes). Eine einfache, auf diese Art verschobene Absorptionslinie, zeigt Bild 1a. Da die s-Elektronen durch die äußeren (z. B. 3d-) Elektronen je nach deren Konfiguration unterschiedlich vom Kern abgeschirmt werden, wird die Isomerieverschiebung durch die Konfiguration der Valenzelektronen (außer der eckigen Klammer in (2) sind ja alle Größen konstant) bestimmt. Erfahrungsgemäß liegen beim Fe die Isomerieverschiebungen in den in Bild 2 angegebenen Bereichen. Man sieht, daß sich Fe(II) bei high-spin-Verbindungen ($S = 2$) in charakteristischer Weise abhebt. Es wird nachfolgend als Fe^{2+} bezeichnet. Die δ-Werte für Fe(II) low-spin und für Fe(III) high- und low-spin unterscheiden sich nicht so deutlich. Fe-Atome in diesen Bereichen werden nachfolgend als Fe^{3+} gedeutet. Dabei ist also stets zu beachten, daß dies nicht eindeutig ist, daß aber deutlich vom Fe^{2+} unterschieden werden kann.

— Die Wechselwirkung des Kernquadrupolmomentes mit einem Gradienten des elektrischen Feldes am Kernort führt beim Eisen zu einer Aufspaltung in zwei Linien (Bild 1b), deren Abstand durch

$$\Delta Q = \frac{e^2 q Q}{2} \left(1 + \frac{\eta^2}{3}\right)^{1/2} \qquad (3)$$

bestimmt wird (eq = elektrischer Feldgradient am Kernort, Q = Kernquadrupolmoment, η = Asymmetrieparameter). Die Aufspaltung ist also ein Maß für die Symmetrie der elektronischen Umgebung des Kerns. So ist ΔQ z. B. für Fe^{2+} meist merklich höher (> 1 mm/s) als für Fe^{3+} (< 0,7 mm/s) und zudem strukturabhängig.

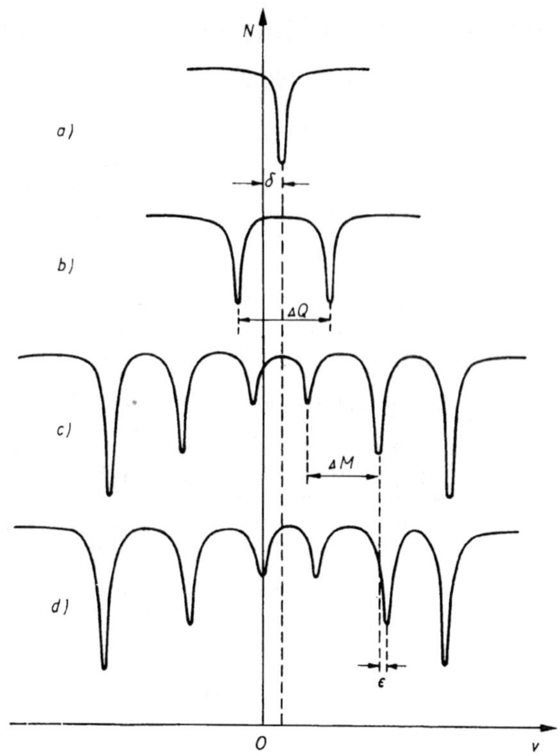

Bild 1. Einfluß verschiedener Wechselwirkungsarten auf ^{57}Fe-*Mössbauer*-Spektren

— Die Wechselwirkung eines magnetischen Feldes H am Kernort mit dem Kerndipolmoment μ führt zu einer *Zeeman*-Aufspaltung, die beim Eisen sechs Linien ergibt (Bild 1c). Ihr Abstand ist

$$\Delta M = \frac{\mu H}{I} \qquad (4)$$

(I = Kernspin). Innere Magnetfelder lassen sich also aus dem *Mössbauer*-Spektrum bestimmen.

Bei Linienaufspaltungen bestimmt die Isomerieverschiebung die Lage der Symmetrieachse des Aufspaltungsbildes. Gleichzeitige magnetische und Quadrupolwechselwirkung führen zu einer Verschiebung ε der beiden äußeren Linien des Sextetts relativ zu den vier inneren (Bild 1d).

Bei magnetisch geordneten (d. h. ferro-, antiferro-, ferrimagnetischen) Proben tritt die charakteristische Aufspaltung gemäß Bild 1d nur dann auf, wenn räumliche Feldfluktuationen langsam im Vergleich zur mittleren Lebensdauer τ ($\approx 10^{-7}$ s) sind [13]. Bei sehr schnellen Fluktuationen ist H im Zeitmittel Null, und man erhält Spektren gemäß Bild 1a oder 1b. Fluktuationen der Richtung des inneren Magnetfeldes treten bei sehr kleinen Teilchen auf, für die die magnetische Anisotropieenergie (die proportional dem Teilchenvolumen ist) in die Nähe der

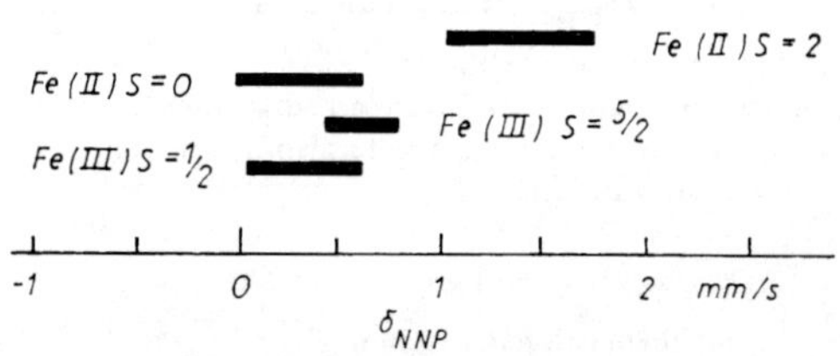

Bild 2. Typische Bereiche für die Isomerieverschiebung von ^{57}Fe (bezogen auf Natriumnitroprussid)

thermischen Energie kT kommt. Die Magnetisierungsrichtung des einzelnen Teilchens springt dann spontan in verschiedene Richtungen, eine Erscheinung, die Superparamagnetismus genannt wird. Der kritische Teilchendurchmesser für den Übergang zum superparamagnetischen Verhalten bei Zimmertemperatur liegt für die meisten oxydischen Eisenverbindungen bei 100 bis 200 Å. Bei tieferen Temperaturen werden die Fluktuationen natürlich eingefroren, und es ergibt sich wieder das Liniensextett. Auf diese Weise erhält man aus *Mössbauer*-Spektren also auch Aussagen über die Teilchengröße bei dispersen Systemen.

Für die Deutung der nachfolgend zu behandelnden Spektren ist noch eine weitere Erscheinung wichtig: Wenn die betrachteten Ionen nicht fest lokalisiert sind, sondern Diffusionssprünge ausführen, dann ergibt sich eine zusätzliche Linienverbreiterung [14]. Aus ihrer Temperaturabhängigkeit lassen sich die mittlere Sprungzeit und die Höhe der Aktivierungsenergie ermitteln.

Abgesehen von den Fluktuationserscheinungen haben die Größen δ, ΔQ und H für bestimmte Verbindungen in bestimmten Modifikationen charakteristische Werte, die für analytische Zwecke ausgenutzt werden können. In [15] sind sie für die wichtigsten oxydischen Eisenverbindungen zusammengestellt.

Aus der vorstehenden Übersicht geht hervor, daß die *Mössbauer*-Spektrometrie in hervorragender Weise für eine zerstörungsfreie Untersuchung der Bindung von Eisensalzen an Faserstoffen geeignet ist.

3. *Experimentelles*

3.1. *Charakteristik der untersuchten Proben*

Die Untersuchungen wurden unter Verwendung folgender Faserstoffe durchgeführt:

Tabelle 1. Oxydation von Baumwolle

Proben-Nr.	Oxydationsbedingungen	Carbonylgruppen mmol CO/g	Carboxylgruppen mmol COOH/g
A	nicht oxydiert	$0{,}62 \cdot 10^{-2}$	$0{,}26 \cdot 10^{-2}$
B	+10 ml n/10 $K_2Cr_2O_7$-Lsg. 2 h	$1{,}71 \cdot 10^{-2}$	$0{,}28 \cdot 10^{-2}$
C	+50 ml n/10 $K_2Cr_2O_7$-Lsg. 2 h	$4{,}07 \cdot 10^{-2}$	$0{,}31 \cdot 10^{-2}$
D	+50 ml n/10 $K_2Cr_2O_7$-Lsg. 24 h	$6{,}15 \cdot 10^{-2}$	$0{,}35 \cdot 10^{-2}$

Sowjetische Baumwolle, alkalisch abgekocht, Viskose-, Polyäthylenterephthalat- (GRISUTEN), Polyamid 6- (DEDERON), Polyacrylnitril- (WOLPRYLA-65) und Polytetrafluoräthylen-Faserstoffe (POLYFLON). Die Faserstoffe wurden durch Extraktion mit Methylenchlorid/Äther (1:1) und anschließendes Waschen mit destilliertem Wasser gereinigt. Die Oxydation der Baumwolle erfolgte zweistufig nach einer von *Philipp*, *Rehder* und *Lang* [16] publizierten Vorschrift mit Kaliumbichromat- bzw. Natriumchlorit-Lösungen. Zur Herstellung unterschiedlich oxydierter Baumwollproben wurden die zugegebenen Mengen an 0,1 n $K_2Cr_2O_7$-Lösung sowie die Behandlungszeiten variiert. Die Menge an zugegebener $K_2Cr_2O_7$-Lösung, die Behandlungszeit sowie die resultierenden Carbonyl- und Carboxylgruppengehalte sind in Tabelle 1 zusammengestellt.

Der Carbonyl- bzw. Carboxylgruppengehalt der unterschiedlich oxydierten Baumwollproben wurde über die kolorimetrische Bestimmung von durch die Carbonylgruppen gebundenem Hydrazin bzw. durch Bestimmung des an die Carboxylgruppen gebundenen Methylenblaus ermittelt [17, 18]. Dekristallisierte Baumwolle wurde durch Behandlung von Baumwolle mit 40%iger Natronlauge nach *Patil*, *Dweltz* und *Radhakrishnan* hergestellt [19].

Herstellung von $^{57}Fe(NO_3)_3$-Lösung: Handelsübliches 88%iges $^{57}Fe_2O_3$ wurde durch Aufschluß mit Kaliumhydrogensulfat in Lösung gebracht. Aus der wäßrigen Lösung wurde mit Ammoniak $Fe(OH)_3$ ausgefällt und dieses nach mehrmaligem Umfällen in verdünnter Salpetersäure gelöst. Das Aufbringen der $^{57}Fe(NO_3)_3$-Lösung auf die Faserstoffe erfolgte nach den in Tabelle 2 aufgeführten Bedingungen.

Zur Untersuchung der Bindungsverhältnisse zwischen Cellulose und Fe_2O_3-Pigmenten wurde gefälltes $^{57}Fe(OH)_3$ nach dem Veraschen des Filters 1 h bei 1000°C geglüht und nach dem Erkalten 4 h in der Schwingmühle gemahlen (ohne Fasern bzw. 10 mg $^{57}Fe_2O_3$ zusammen mit 1 g Viskosefasern). Durch das Glühen von Eisenhydroxid entsteht α-Fe_2O_3.

3.2. *Meßmethode*

Die *Mößbauer*-Spektren wurden in einer einfachen Absorptionsgeometrie nach Bild 3 gemessen. Durch Energievariation der Gammastrahlung der Quelle Q wurde in üblicher Weise die Lage der Absorptionslinien der Probe P abgetastet. Die Energievariation erfolgte dabei unter Ausnutzung des Dopplereffektes durch mechanische Bewegung der Quelle mit einer Geschwindigkeit v. Daher ist die Abszisse der Spektren direkt in mm/s geeicht. Es gilt für die Energieänderung

$$\Delta E = \frac{E_0}{c}\, v = h \Delta \nu \tag{5}$$

Tabelle 2. Versuchsbedingungen für das Aufbringen der $^{57}Fe(NO_3)_3$-Lösung auf die verwendeten Faserstoffe

Nr.	mg Fe^{3+}/ml Lsg.	pH-Wert	g Faserstoff/ml Lsg.	Behandlungszeit	Trocknung	Bemerkungen
I	2,5		1 g/2 ml	5 s		Faserstoffe wurden nicht vollständig mit Lösung durchtränkt.
II	2,5		1 g/2 ml	2 min		
III	2,5	1,5	1 g/4 ml	2 min	bei Zimmertemperatur	
IV	2,5		1 g/1 ml	2 min		Die imprägnierte Faserprobe wurde kurz mit dest. H_2O gespült.
V	0,1		1 g/20 ml	10 min		Überschüssige Lösung wurde auf Glasfritte abgesaugt.

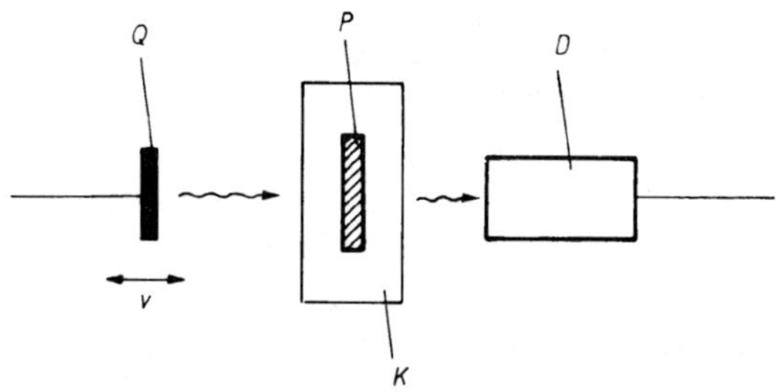

Bild 3. Einfache Meßanordnung in einem *Mössbauer*-Spektrometer zur Aufnahme von Transmissionsspektren
K = Kryostat Q = Quelle P = Probe D = Detektor

(E_0 = Energie der Gammastrahlung, c = Lichtgeschwindigkeit, $\Delta\nu$ = Frequenzänderung). Bei der Messung wurde v periodisch linear verändert, wobei die Zählimpulse vom Detektor D synchron in einen Vielkanalspeicher einsortiert wurden. Die gesamte Messung erfolgte vollautomatisch. Als Quellen wurden Standardquellen von ^{57}Co in Pd, Rh und Cr verwendet. Alle Isomerieverschiebungen wurden auf Natriumnitroprussid als Standardsubstanz bezogen. Da einerseits nur geringe Eisenmengen auf die Fasern aufgebracht werden können, andererseits aber nur das ^{57}Fe, das lediglich zu 2,2% im natürlichen Isotopengemisch enthalten ist, zum Signal beiträgt, wurde in den meisten Fällen isotopenangereichertes Ausgangsmaterial (88% ^{57}Fe) für die Probenpräparation verwendet. Die Meßzeiten je Spektrum lagen zwischen 30 min und 30 h.

4. Ergebnisse und Diskussion

Die bei 80 K aufgenommenen *Mößbauer*-Spektren der nach Vorschrift I mit $^{57}Fe(NO_3)_3$-Lösungen imprägnierten Faserstoffe sind in Bild 4 dargestellt. Eine Auswertung der Spektren ergibt die dort ersichtlichen Resultate:

An allen untersuchten Faserstoffen tritt ein Quadrupoldublett mit einer Aufspaltung $\Delta_Q = 0{,}30$ bis 0,70 mm/s auf. Zusammen mit den zugehörigen Isomerieverschiebungen von 0,4 bis 0,7 mm/s können diese Linien als typisch für Fe^{3+}-Ionen angesehen werden (vgl. Abschn. 2). An den Cellulosefasern tritt zusätzlich zu dieser Bindung, die im folgenden als Bindung Fe^{3+}(I) bezeichnet wird, eine weitere Bindungsart dreiwertigen Eisens [Fe^{3+}(II)] mit einer Aufspaltung $\Delta_Q = 1{,}1$ bis 1,7 mm/s auf. Diese Aufspaltung ist für Fe^{3+}-Verbindungen ungewöhnlich hoch. Solche Werte werden für anorganische Fe^{3+}-Verbindungen nicht gefunden, dagegen ergeben sich aus der Literatur einige ähnlich hohe Werte für organische Eisenkomplexe, und hier besonders für Chelatbindungen (vgl. z. B. [7]). Daher werden diese Absorptionslinien als zu einer Chelatbindung gehörend gedeutet.

In den Spektren der mit $^{57}Fe(NO_3)_3$-Lösung behandelten Cellulose- und Polyamid-6-Faserstoffe treten noch weitere Absorptionslinien auf, die auf das Vorliegen zweiwertigen Eisens sowie von magnetisch geordneten Eisenoxidkristalliten hinweisen.

Zur Deutung der Spektren und zur Klärung des Bindungsmechanismus zwischen Eisen und den verwendeten faserbildenden Polymeren war es erforderlich, *Mössbauer*-Spektren bei variierten Faserstoff-, Präparations- und Meßparametern aufzunehmen.

4.1. Untersuchungen an Cellulosefasern

4.1.1. Bindung von Eisen aus Eisennitratlösungen

Umfangreiche Untersuchungen zur Bindung von Eisen an Cellulose wurden von *Ogiwara* und *Kubota* [20] sowie *Vial, Quites, Janakieva* und *Chêne* [2, 21] durchgeführt. Die Autoren stellten fest, daß der Sorptionsmechanismus durch den Carboxyl- und Carbonylgruppengehalt der Cellulose sowie den pH-Wert der Sorptionslösung stark beeinflußt wird. *Ogiwara* und *Kubota* nehmen eine ionogene Bindung von Eisen-II-Ionen sowie eine teils ionogene und teils chelatartige Bindung von Eisen-III-Ionen an Cellulose an. *Vial* u. Mitarb. schließen, daß Eisen aus $Fe(NO_3)_3$- und $Fe_2(SO_4)_3$-Lösungen in einem komplexen Mechanismus adsorbiert wird:

- Fixierung positiv geladener Eisenhydroxidmicellen durch negative Ladungen der Cellulose
- Bindung von Fe^{3+}-Ionen an Carboxylgruppen und über Wasserstoffbrücken an OH-Gruppen der Cellulose.

Zur Erklärung der Absorptionslinien der in Bild 4 dargestellten *Mössbauer*spektren von Eisen auf Cellulosefaserstoffen wurden *Mössbauer*spektren von Eisen auf Baumwolle aufgenommen, wobei

- die Konzentration der Eisennitratlösung und das Mengenverhältnis von Fasern zu Eisennitratlösung,
- der Carbonyl- und Carboxylgruppengehalt sowie der Kristallinitätsgrad der Baumwolle

variiert wurden.

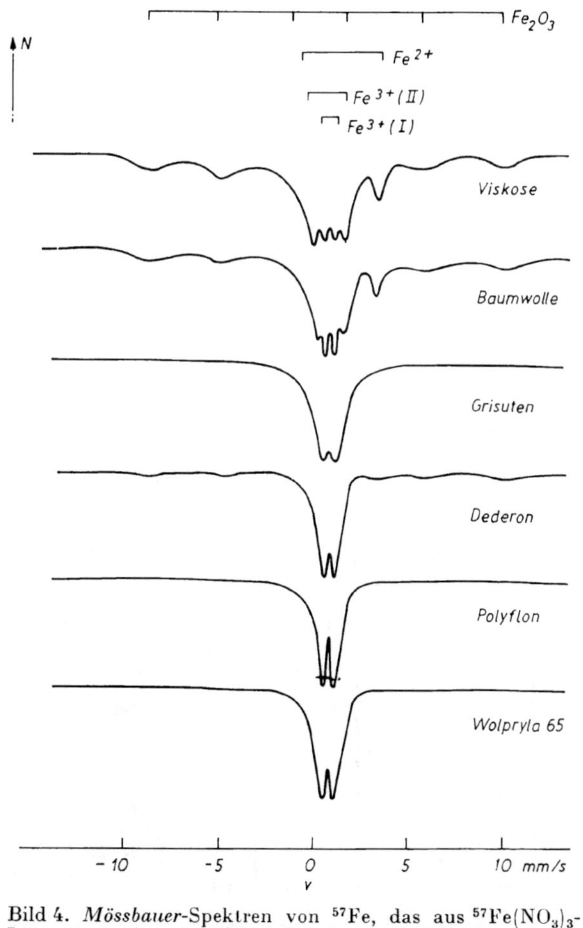

Bild 4. *Mössbauer*-Spektren von ^{57}Fe, das aus $^{57}Fe(NO_3)_3$-Lösungen auf verschiedene Faserstoffe aufgebracht wurde (Behandlung I)

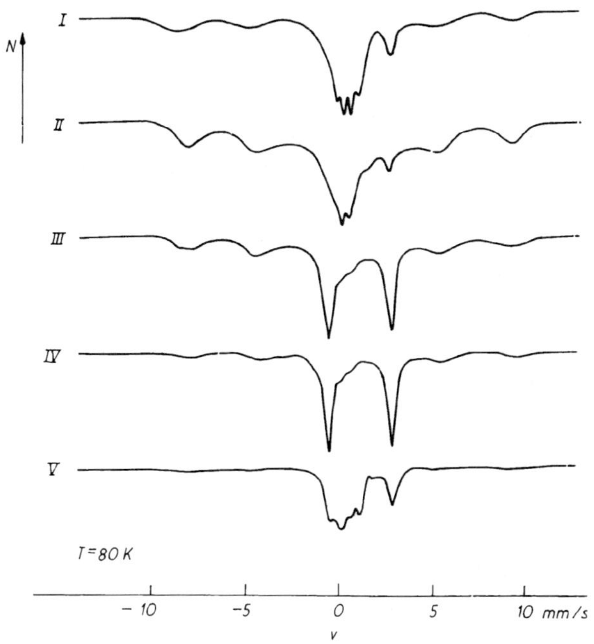

Bild 5. *Mössbauer*-Spektrum von ^{57}Fe, das aus $^{57}Fe(NO_3)_3$-Lösungen auf Baumwolle aufgebracht wurde (Behandlung I···V)

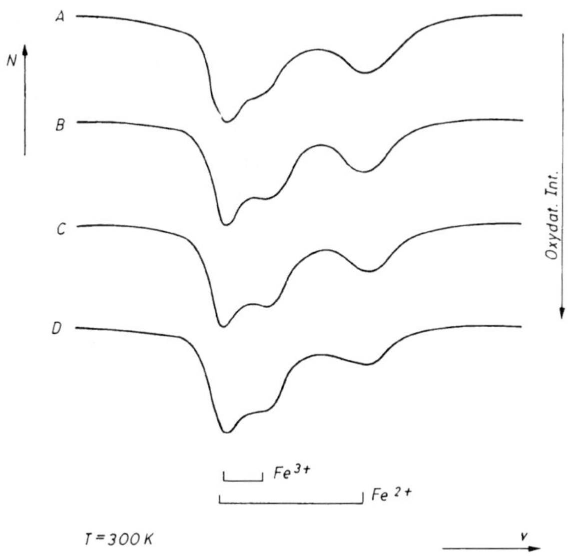

Bild 6. *Mössbauer*-Spektren von ^{57}Fe, das aus $^{57}Fe(NO_3)_3$-Lösungen auf unterschiedlich oxydierte Baumwolle aufgebracht wurde (Behandlung III)

In Bild 5 sind die *Mössbauer*-Spektren von Baumwolle dargestellt, die mit unterschiedlichen Mengen von Eisennitratlösung behandelt wurden (Behandlungsvorschriften I bis V). Es ist ersichtlich, daß die Intensität aller Absorptionslinien stark vom Mengenverhältnis Fasern zu Eisensalzlösung sowie von der Konzentration der Eisennitratlösung abhängt. So nimmt bei den Baumwollproben, die mit relativ konzentrierten $Fe(NO_3)_3$-Lösungen behandelt wurden, der Anteil zweiwertigen Eisens mit steigender Durchnetzung der Fasern zu; bei der Behandlung IV liegt Eisen fast vollständig in Form zweiwertiger Ionen vor. Bei der Sorption aus stark verdünnten Eisennitratlösungen stellt sich offensichtlich ein Gleichgewicht zwischen Eisen-II- und Eisen-III-Ionen ein. Die zweite Bindungsform von Eisen-III-Ionen tritt vornehmlich an der nach Vorschrift I behandelten Baumwollprobe auf; in den *Mössbauer*-Spektren der übrigen Proben liegen die entsprechenden Absorptionslinien nur angedeutet vor. Der Anteil der magnetisch geordneten Phase ist an der nach Vorschrift II behandelten Probe, d. h. bei Überschuß relativ konzentrierter Eisennitratlösung, am größten, an den übrigen Proben sind die Anteile, abgesehen von der Probe V, ungefähr gleich.

Werden die *Mössbauer*spektren an Baumwollproben unterschiedlichen Carboxyl- und Carbonylgruppengehaltes, die mit Eisennitratlösungen behandelt wurden, aufgenommen, so ist ersichtlich, daß mit zunehmender Oxydationsintensität der Anteil dreiwertigen Eisens am Gesamteisengehalt zunimmt (Bild 6), und zwar annähernd auf das Doppelte, daß aber auch an der am stärksten oxydierten Probe nur ca. 45% dreiwertigen Eisens (Fe^{3+}(I)) vorliegen.

Ähnliche Ergebnisse werden auch an den nach den Vorschriften II und IV mit $^{57}Fe(NO_3)_3$-Lösung behandelten Baumwollproben erhalten.

Dieser Befund zeigt die erwartete geringere Reduktionswirkung oxydierter Baumwolle gegenüber Fe^{3+}-Ionen, beweist aber andererseits, daß durch Eisen-III-Salzlösungen eine wesentlich stärkere Oxydation von Baumwolle eintritt als durch $K_2Cr_2O_7$- bzw. $NaClO_2$-Lösungen der angewendeten Konzentrationen. Dies läßt die stark faserschädigende Wirkung von Eisensalzen auf Cellulosefasertextilien deutlich werden (Rostflecken). Eine Veränderung der Fe^{3+}(II)-Absorptionslinien durch vorherige Oxydation der Fasern ist nicht nachweisbar, dagegen nimmt der Anteil der magnetisch geordneten Phase mit steigendem Carbonyl- und Carboxylgruppengehalt ab.

Zur weiteren Deutung der Bindungsverhältnisse zwischen Cellulose und Eisen wurde die Desorption des Eisens von Cellulosefasern durch 0,1 n HCl überprüft. Nach *Ogiwara* und *Kubota* wird nur ein Teil des durch Cellulose adsorbierten Eisens durch 0,1 n HCl desorbiert, wobei von den Autoren angenommen wird, daß das nicht desorbierbare Eisen über Chelatbindungen und das desorbierbare Eisen ionisch an die Cellulose gebunden wird.

Wird jedoch das *Mössbauer*-Spektrum von mit Eisennitratlösung behandelten Viskosefasern (Vorschrift I) nach einer Behandlung mit 0,1 n HCl aufgenommen, so ist nur noch die Bindungsform Fe^{3+}(I) mit $\Delta_Q = 0{,}58$ bis 0,68 mm/s nachweisbar (Bild 7). Die Absorptionslinien mit $\Delta_Q = 1{,}1$ bis 1,7 mm/s, die als zu einer Chelatbindung gehörig betrachtet werden, sind dagegen nicht mehr nachweisbar. Dieser Befund berechtigt zu der Annahme, daß die Bindungsform Fe^{3+}(I) nicht nur Fe^{3+}-Ionen in ionogener Bindung, sondern in erheblichem Maße auch schwerlöslichem FeO(OH) zuzuordnen ist, das durch Hydrolyse von $Fe(NO_3)_3$-Lösung beim Trocknen auf den Fasern entsteht. Die genauere Identifizierung der Fe^{3+}(I)-Bindungsform ist Gegenstand weiterer Untersuchungen.

Für die Ausbildung superparamagnetischer Eisen-

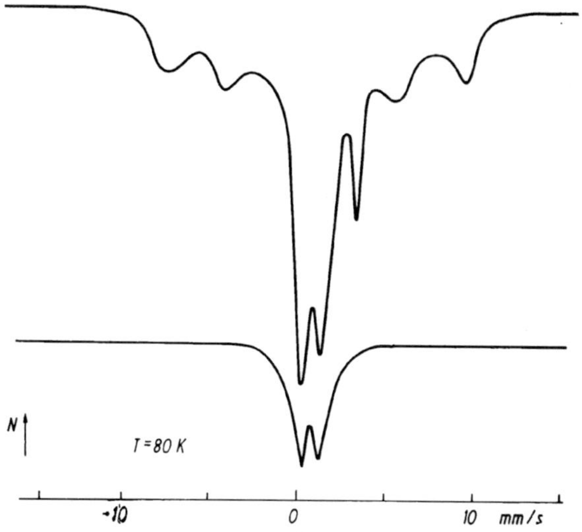

Bild 7. *Mössbauer*-Spektren von ^{57}Fe, das aus $^{57}Fe(NO_3)_3$-Lösungen auf Viskosefasern aufgebracht wurde (Behandlung I)

oben: Ausgangsprobe

unten: nach Behandlung mit 0,1 n HCl (30 min bei 25 °C, 2× mit dest. Wasser gespült)

oxidkristallite bei der Adsorption von Eisensalzen auf Cellulosefaserstoffen kann ein ähnlicher Mechanismus wie bei der Zersetzung von Eisensalzen auf anorganischen Trägern hoher spezifischer Oberfläche angenommen werden (vgl. [10]). Hier kommt es, wenn die Aufnahmefähigkeit der Oberfläche nicht mehr für die Bindung einzelner Fe-Ionen ausreicht, zur Bildung kleiner Primärteilchen, deren Menge und mittlere Größe mit der eingesetzten Fe-Menge zunehmen. Eine weitere Vergrößerung der Primärteilchen kann sich als Resultat der Oberflächendiffusion von Fe-Ionen ergeben. Diese hängt in starkem Maße von der Größe der Oberfläche und der Zugänglichkeit der oberflächennahen Schicht ab.

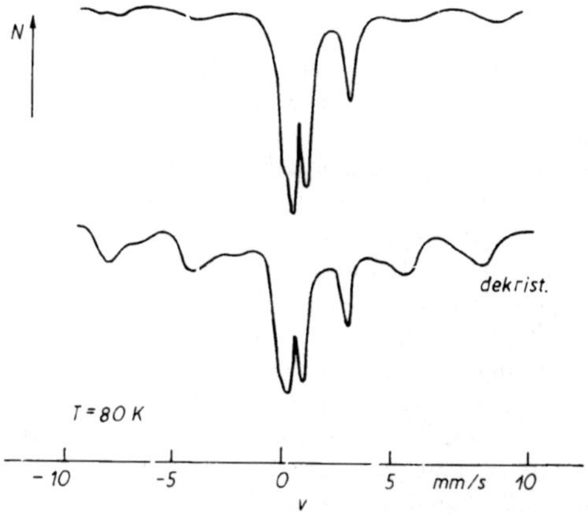

Bild 8. *Mössbauer*-Spektren von ^{57}Fe, das aus $^{57}Fe(NO_3)_3$-Lösungen auf Viskosefasern aufgebracht wurde (Behandlung IV)

oben: unbehandelte Baumwolle

unten: dekristallisierte Baumwolle

Vergleiche der *Mössbauer*-Spektren der mit $^{57}Fe(NO_3)_3$-Lösung behandelten Cellulosefaserstoffe ergeben ein analoges Verhalten: An allen Proben ist das Vorhandensein von magnetisch geordneten Eisenoxidkristalliten nachweisbar. Die Viskosefasern (Bild 4) und die dekristallisierte Baumwolle (Bild 8) zeigen einen deutlich höheren Anteil der magnetisch geordneten Phase als die unbehandelte Baumwolle (60% zu 25% entsprechend Bild 8), d. h. die Cellulosefaserstoffe mit hoher Zugänglichkeit der oberflächennahen Schicht, d. h. niedriger Kristallinität, zeigen einen hohen Anteil des Eisenoxidkristalliten.

In ähnlicher Weise könnte auch die Abnahme des magnetischen Anteils mit steigendem Carbonyl- und Carboxylgruppengehalt der Baumwolle erklärt werden.

Der Anteil der Eisenoxidkristallite am Gesamteisengehalt der Cellulosefaserstoffe nimmt mit steigendem Angebot an Fe^{3+}-Ionen zu; nach der Behandlung III liegen etwa 40 bis 80% und nach Behandlung IV nur 1 bis 10% in magnetisch geordneten Kristalliten vor.

Nach Maßgabe der Aufspaltungsparameter ($H_i = 537$ bis 545 kOe, $\Delta_Q < 0$) kann die magnetisch geordnete Phase mit großer Wahrscheinlichkeit dem α-Fe_2O_3 ($H_i = 542$ kOe, $\Delta_Q < 0$ für grobkristallines α-Fe_2O_3, alle Messungen bei $T = 80$ K) zugeordnet werden, wobei eine unsymmetrische Linienverbreiterung eine breite Verteilung der Teilchendurchmesser d anzeigt. Alle diese Spektren zeigen superparamagnetisches Verhalten, d. h. $d = 150$ bis 1500 Å. Vorwiegend Proben mit geringem α-Fe_2O_3-Gehalt weisen noch eine zweite magnetische Phase mit $H_i = 555$ bis 580 kOe, $\Delta_Q > 0$, auf. Dies sind ungewöhnlich hohe Werte für H_i. Ähnlich hohe Werte für H_i wurden kürzlich auch bei Ein-Ionen-Hyperfeinfeldern in Antiferromagnetika gefunden [22]. Da außerdem $\Delta_Q > 0$ auch für sehr kleine α-Fe_2O_3-Teilchen typisch ist (kein *Morin*-Übergang!), so kann diese Phase also sehr kleinen α-Fe_2O_3-Kristalliten mit sehr starker Defektstruktur zugeschrieben werden.

Aus den durchgeführten *Mössbauer*-spektrometrischen Untersuchungen läßt sich folgender Bindungsmechanismus zwischen Cellulose und Eisen, das aus $Fe(NO_3)_3$-Lösungen aufgebracht wurde, ableiten:

Beim Kontakt von Cellulose mit $Fe(NO_3)_3$-Lösungen findet im starken Maße eine Reduktion von Fe^{3+}-Ionen statt. Die dabei entsandenen Fe^{2+}-Ionen werden ionisch an die Cellulose gebunden. Die relativ große Breite der Absorptionslinien der Fe^{2+}-Ionen im *Mössbauer*-Spektrum (Bild 9) zeigt, daß diese Ionen leicht beweglich sind, d. h., es ist keine starre Bindung an Carboxylgruppen anzunehmen, sondern infolge des hohen Wassergehaltes von Cellulosefasern das Vorliegen dissoziierter Fe^{2+}-Ionen, deren Ladungen durch Carboxylatanionen oder adsorbierte Nitrationen kompensiert werden. Das Vorliegen von Fe^{2+}-Ionen könnte eine Ursache für die katalytische Wirksamkeit des Eisens bei der Oxydation von Cellulose sein. Es ist vorstellbar, daß Fe^{2+}-Ionen cyclisch durch Luftsauerstoff zu Fe^{3+}-Ionen oxydiert werden, die ihrerseits eine Oxydation der Cellulose verursachen.

Für die Bindung dreiwertigen Eisens an Cellulose existieren mehrere Möglichkeiten, deren Anteile von

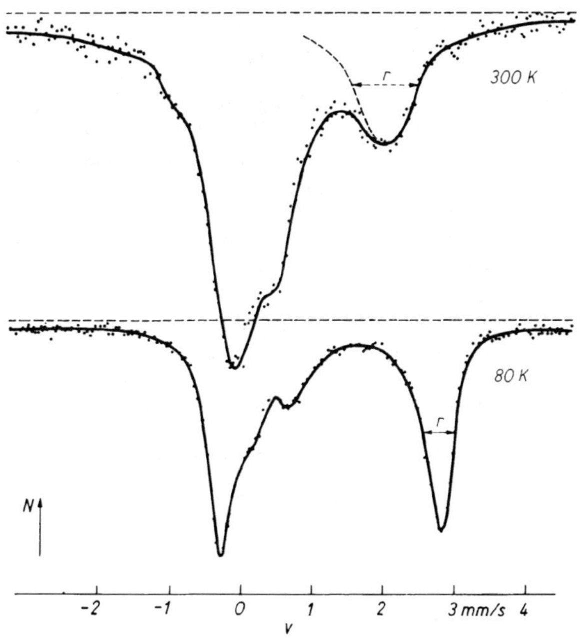

Bild 9. Temperaturabhängigkeit der Breite Γ der Fe^{2+}-Linien im *Mössbauer*-Spektrum von ^{57}Fe, das aus $^{57}Fe(NO_3)_3$-Lösung auf Viskosefasern aufgebracht wurde (Behandlung III)

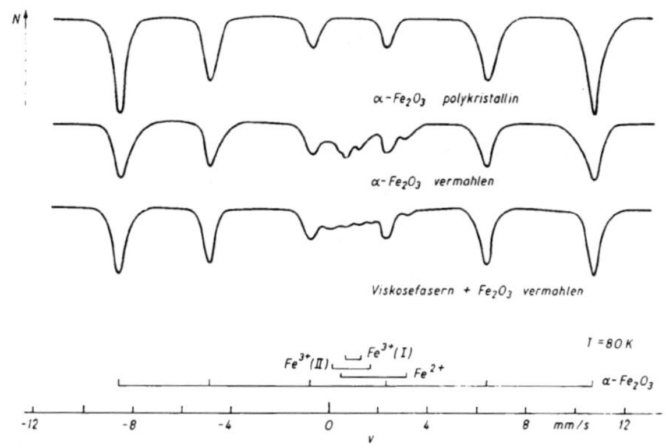

Bild 10. *Mössbauer*-Spektren von α-$^{57}Fe_2O_3$

der Faservorbehandlung sowie den Konzentrationsverhältnissen bei der Sorption abhängen:

— Bildung von α-Fe_2O_3-Kristalliten in Mikroporen der Cellulosefasern infolge Oberflächendiffusion von Fe^{3+}-Ionen und Primärteilchenbildung nach erfolgter Hydrolyse,

— Adsorption von FeO(OH) an der Faseroberfläche, das ebenfalls durch Hydrolyse des Eisennitrats entstanden ist,

— Chelatbindung von Fe^{3+}-Ionen an Hydroxyl- und Carbonylgruppen der Cellulose.

4.1.2. Bindung von schwerlöslichen Eisenverbindungen an Cellulose

Die aus dem praktischen Gebrauch bekannte schlechte Entfernbarkeit von Eisenoxidpigmenten von Cellulosefasertextilien läßt vermuten, daß die Bindung zwischen Eisenoxid und Cellulosefaserstoffen nicht ausschließlich durch *van der Waals*sche Kräfte erfolgt. Zur Klärung der Frage, ob zwischen beiden Komponenten spezifische, d. h. chemische Bindungen auftreten können, wurde das *Mößbauer*-Spektrum von α-$^{57}Fe_2O_3$-Pigmenten aufgenommen, die teils allein und teils gemeinsam mit Viskosefasern in einer Schwingmühle gemahlen wurden (Bild 10). Durch den Mahlvorgang sollte eine Verbesserung des Kontaktes zwischen den Fasern und den Eisenoxidpigmenten hergestellt werden. Unter den gewählten Bedingungen trat keine Zerstörung der Fasern ein, so daß kein wesentlicher Abbau der Cellulosemoleküle zu erwarten ist.

Eine Auswertung der in Bild 10 dargestellten Spektren ergibt folgendes:

1. $^{57}Fe_2O_3$ ohne Viskosefasern gemahlen:

Der Hauptbestandteil des gemahlenen Eisenoxids ist feindisperses α-Fe_2O_3, von dem ca. 30% Teilchendurchmesser < 200 Å haben; der Rest liegt zwischen 200 und 700 Å. Etwa 10 bis 15% des Gesamteisens zeigen ein Fe^{3+}-Dublett mit einer Aufspaltung $\Delta_Q \approx 0{,}50$ mm/s (Fe^{3+}(I)) und ca. 10 bis 15% liegen als Fe^{2+}-Ionen vor.

2. $^{57}Fe_2O_3$ mit Viskosefasern vermahlen:

Auch hier ist der Hauptbestandteil α-Fe_2O_3, jedoch in gröberer Verteilung als bei 1. Je ca. 5% des Gesamteisens zeigen Fe^{3+}-Dubletts mit einer Aufspaltung um 0,40 mm/s (Fe^{3+}(I)) und ca. 1,10 mm/s (Fe^{3+}(II)). Der Gehalt an Fe^{2+}-Ionen ist sehr gering (1 bis 5%). Ein Vergleich beider Spektren zeigt als wichtigsten Unterschied das Auftreten der Bindungsform Fe^{3+}(II) mit der großen Quadrupolaufspaltung, wie sie für Chelatbindungen charakteristisch ist, im Spektrum des mit Viskosefasern vermahlenen Eisenoxids. Dieser Befund berechtigt zu der Annahme, daß zwischen Cellulose und Fe_2O_3-Pigmenten zumindest bei mechanischer Einwirkung eine spezifische Bindung möglich ist. Als weitere Ursache für die schwere Entfernbarkeit hydrolysierender Eisenverbindungen von Cellulosefasern kommen in Betracht:

— Ausbildung von α-Fe_2O_3-Kristalliten in Mikroporen,
— starke Sorption von FeO(OH)
— Sorption von Fe^{2+}-Ionen.

Wird anstelle von α-$^{57}Fe_2O_3$ metallisches ^{57}Fe mit Viskosefasern in der Schwingmühle vermahlen, so tritt auch hier im *Mössbauer*-Spektrum ein Dublett Fe^{3+}(II) auf, dessen Aufspaltung $\Delta_Q \approx 1{,}25$ mm/s auf eine Chelatbindung zwischen Fe^{3+}-Ionen und Cellulose hindeutet (Bild 11). Dies bedeutet, daß auch beim Kontakt zwischen Cellulose und metallischem Eisen tribochemische Reaktionen eintreten können, wenn eine hinreichend große mechanische Energie zugeführt wird. Die Bindung Fe^{3+}(I) tritt jedoch nicht auf.

Werden dagegen Viskosefasern mit $FePO_4$ behandelt oder wird $FePO_4$ aus adsorbierten Eisensulfatlösungen auf der Faser ausgefällt, dann läßt sich die Bindungsform Fe^{3+}(II) nicht nachweisen, sondern man erhält Spektren, die mit dem von $FePO_4$ identisch sind. Dies bedeutet, daß die feste koordinative Bindung zwischen Fe^{3+}-Ionen und Phosphationen nicht in eine Chelat-

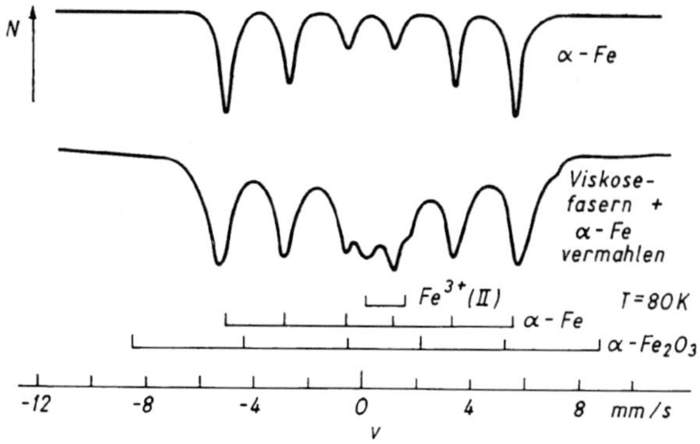

Bild 11. *Mössbauer*-Spektrum von α-^{57}Fe im Kontakt mit Viskosefasern

bindung mit Cellulose überführt werden kann, während oxydisch gebundenes Eisen eine Chelatbindung an Cellulose ausbilden kann. Umgekehrt kann die Chelatbindung zwischen Eisen und Cellulose durch Phosphationen aufgehoben werden, was für den Waschprozeß, bei dem im allgemeinen mit polyphosphathaltigem Waschmittel gewaschen wird, von Bedeutung ist.

4.2. *Polyamid-6-Faserstoffe*

Zur näheren Deutung der Bindung von Eisen an Polyamid-6-Faserstoffe wurde eine detaillierte Auswertung der Spektren vorgenommen, die von Polyamid-6-Fasern, die mit $^{57}Fe(NO_3)_3$-Lösungen nach Vorschrift II behandelt worden waren, erhalten wurden. Die Auswertung ergibt, daß der weitaus größte Teil des Eisens in der Bindungsform Fe^{3+}(I) vorliegt, der Anteil zweiwertigen Eisens liegt zwischen 2 und 10% und der der magnetisch geordneten Phase zwischen 5 und 15%. Im Vergleich zur Baumwolle sind also beide Anteile deutlich geringer. Wegen des relativ geringen Anteils der magnetisch geordneten Phase kann nicht eindeutig entschieden werden, ob es sich um α-Fe_2O_3 oder Fe_3O_4 handelt. Aus der Temperaturabhängigkeit der Breite der Fe^{2+}-Absorptionslinien kann geschlossen werden, daß die Fe^{2+}-Ionen ähnlich wie in den Cellulosefasern leicht beweglich vorliegen. Die Oxydationswirkung dreiwertigen Eisens gegenüber Polyamid-6-Faserstoffen läßt in Verbindung mit der leichten Beweglichkeit der Eisen-II-Ionen im Faserstoff die katalytische Wirkung von Eisensalzen auf die thermische und Lichtstabilität von Polyamid-6-Faserstoffen analog zur Schädigung von Cellulosefasern durch Eisensalze deutlich werden.

Das Vorliegen der Bindungsform Fe^{3+}(I) wird wie zuvor bei Cellulosefasern auf die Gegenwart von FeO(OH) zurückgeführt. Hierfür spricht, daß das von den Polyamid-6-Faserstoffen adsorbierte Eisen nur teilweise in 0,1 n HCl löslich ist.

4.3. *Untersuchungen an weiteren faserbildenden Polymeren*

Für die Deutung der an Polyester-, Polyacrylnitril- und Polytetrafluoräthylen-Faserstoffen auftretenden Bindungsform Fe^{3+}(I) können die unter 4.1 angestellten Betrachtungen über die Sorption von Fe^{3+}-Ionen an Cellulose verwendet werden. Lösungsversuche mit 0,1 n HCl ergaben auch an den o. a. Faserstoffen keine wesentliche Verringerung des Eisengehaltes, so daß mit hoher Wahrscheinlichkeit auf diesen Faserstoffen durch Hydrolyse von $Fe(NO_3)_3$-Lösungen gebildetes FeO(OH) vorliegt.

Wegen der geringen Quellfähigkeit und der kleinen spezifischen Oberfläche ist eine Bildung superparamagnetischer Eisenoxidkristallite nach dem unter 4.1.1 diskutierten Mechanismus an den hydrophoben Fasern nicht möglich.

5. *Zusammenfassung*

Mit Hilfe der *Mössbauer*-Spektrometrie wurde die Bindung von Eisen an Cellulose-, Polyamid-6-, Polyester-, Polyacrylnitril- und Polytetrafluoräthylen-Faserstoffen untersucht.

Beim Kontakt von Polyester-, Polyacrylnitril- und Polytetrafluoräthylen-Faserstoffen mit $Fe(NO_3)_3$-Lösungen tritt eine Ablagerung von FeO(OH) auf den Faserstoffen ein. An Cellulosefaserstoffen sind zusätzlich noch weitere Bindungsformen nachweisbar:

- Fe^{2+}-Ionen mit relativ hoher Beweglichkeit
- Fe^{3+}-Ionen, die durch Chelatbindungen gebunden sind,
- feinkristallines α-Fe_2O_3.

Beim Kontakt zwischen Cellulosefaserstoffen und metallischem Eisen sowie α-Fe_2O_3-Pigmenten tritt bei starker mechanischer Behandlung eine Chelatbindung zwischen Eisen(III)-Ionen und Cellulose auf, die für die schlechte Entfernbarkeit von Eisenoxidpigmenten von Cellulosefasertextilien verantwortlich sein kann. Diese Chelatbindung kann durch Phosphationen gelöst werden.

Werden Polyamid-6-Faserstoffe mit $Fe(NO_3)_3$-Lösungen behandelt, so lassen sich im *Mössbauer*-Spektrum

- FeO(OH),
- feinkristallines Eisenoxid
- Fe^{2+}-Ionen mit hoher Beweglichkeit

nachweisen.

Die katalytische Wirkung von Eisensalzen auf die Licht- und thermische Zersetzung von Cellulose- und Polyamidfaserstoffen kann mit der starken Oxydationswirkung von Fe^{3+}-Ionen auf diese Faserstoffe und die Eignung von Fe^{2+}-Ionen, als Sauerstoffüberträger zu wirken, begründet werden.

Danksagung: Frau *M. Kautz* und Frau *G. Neumann* sei für die sorgfältige Ausführung eines Teils der experimentellen Arbeiten bestens gedankt.

Literatur

[1] *Gold'anskij, V. I.:* Einige Probleme der γ-Resonanzspektroskopie von hochmolekularen Verbindungen. In: Proceedings Conf. Mössb. Spectr. Dresden 1971, Hrsg. Phys. Ges. DDR 1972, und Vysokomol. Soed. (Hochmol. Verbind.) Serie A: **13** (1971) 2, S. 311–347.

[2] *Janakieva, M., Quiles, J. P., Chêne, M., Christov, T., Chevalier, R.,* und *Belakhovski, M.:* Anwendung des *Mössbauer*-Effektes auf die Untersuchung der Cellulose, C.R. hebd. Seances Acad. Sci. **267** Ser. C (1968), S. 1013–1016.

[3] *Meisel, W.,* und *Jacobasch, H.-J.: Mössbauer*-Spektrometrische Untersuchung zur Bindung von Eisensalzen an textile Faserstoffe. Z. Chemie **12** (1972) S. 302.

[4] *Schäfer, R.:* Untersuchungen zur Thermooxydation von Polyamid-6-Seiden unter besonderer Berücksichtigung der Differentialthermoanalyse. Dissertation TU Dresden 1972.

[5] *Wegener, H.:* Der *Mössbauer*-Effekt und seine Anwendungen in Physik und Chemie. Bibliograf. Inst. Mannheim 1965.

[6] *Goldanski, V. I.,* und *Herber, R. H.:* Chemical Applications of Mössbauer Spectroscopy. New York: Academic Press 1968, und Moskva: Verl. Mir 1970.

[7] *Greenwood, N. N., Gibb, T. C.: Mössbauer* Spectroscopy. London: Chapman and Hall 1971.
[8] *Mössbauer, R. L.:* Kernresonanzfluoreszenz von γ-Strahlung in ^{191}Ir. Z. Physik **151** (1958) S. 124—143; Naturwiss. **45** (1958) S. 538—539.
[9] *Flinn, P. A., Ruby, S. L., Kehl, W. L.: Mössbauer* effect for surface atoms: Iron 57 at the surface of η-Al_2O_3, Science **143** (1964) S. 1434—1436.
[10] *Meisel, W.,* und *Hobert, H.:* Untersuchungen von 3-wertigem Eisen auf SiO_2-Träger mit Hilfe der *Mössbauer*-Spektrometrie. Exp. Techn. Phys. **16** (1968), S. 237 bis 245.
[11] *Meisel, W., Platschinda, A. A.,* und *Susdalev, I. P.: Mößbauer*-Spektrometrische Untersuchung der (Fe, Na)-Form des Mordenits (Zeolith M). Z. anorg. allg. Chemie **382** (1971) S. 188—194.
[12] *Meisel, W.,* und *Jacob, J.: Mössbauer*-Spektrometrie. Kernenergie **9** (1966) S. 113—119.
[13] *Meisel, W.:* Die mößbauerspektrometrische Erfassung zeitlich und räumlich veränderlicher Parameter der Elektronenhülle. Z. Chemie **11** (1971) S. 371—378.
[14] *Singwi, K. S.,* und *Sjölander, A.:* Resonance absorption of nuclear gamma rays and the dynamics of atomic motions. Physic. Rev. **120** (1960) S. 1093.
[15] *Meisel, W.,* und *Kreysa, G.:* Relative *Mössbauer*-Konstanten von Eisenverbindungen zur quantitativen Analyse von Gemischen. Z. anorg. allg. Chemie **395** (1973) S. 31—36.
[16] *Philipp, B., Rehder, W.,* und *Lang, H.:* Zur Carboxylbestimmung in Chemiezelltsoffen. Papier **19** (1965) S. 1—9.
[17] *Müller, G.:* Beiträge zur thermischen Analyse von Cellulosefaserstoffen. Dissertation TU Dresden 1970.
[18] *Albertson, U.,* und *Nordung, F.:* Bestimmung von Carbonylgruppen in technischen Zellstoffen mit der Hydrazinmethode. Faserforsch. u. Textiltechnik **18** (1967) S. 445—446.
[19] *Patil, N. B., Dweltz, N. E.,* und *Radhakrishnan, T.:* Studies on decrystallization of cotton. Textile Res. J. **35** (1965) S. 517—523.
[20] *Ogiwara, Y.,* und *Kubota, H.:* Combination of cellulosic materials and metallic ions. J. Polymer Sci., Part A-1, **7** (1969) S. 2087—2095.
[21] *Vial, M., Quiles, J. P., Janakieva, M.,* und *Chêne, M.:* Über die Retention von Eisenionen durch Cellulose. Cellulose Chem. Technol. **3** (1969) S. 21—31.
[22] *Takano, M., Shinjo, T.,* und *Kiyama, M.:* A *Mössbauer* study of magnetic hyperfine fields in Fe^{3+}-antiferromagnetic oxides. J. physic. Soc. Japan **35** (1973) S. 53—56.

Eingegangen am 14. Mai 1974

Analytik der Polysaccharide in Holz und Zellstoff[1])

Jan Janson

Finnisches Zellstoff- und Papierforschungsinstitut[2])

DK 634.081:661.728.3:547.458:543.544.25

Für die Analyse von Kohlenhydraten in Holz und Zellstoff ist die Gaschromatographie von Alditoacetaten besonders zweckmäßig, und sowohl die Darstellung jener Derivate aus den Proben als auch die chromatographische Methode und die Auswertung der Resultate werden beschrieben. Schließlich wird die Berechnung von der Polysaccharidenzusammensetzung und ihre Anwendung besprochen.

Анализ полисахаридов, содержащихся в древесине и целлюлозе

Для анализа содержащихся в древесине и целлюлозе углеводов особенно целесообразной оказывается газовая хроматография этих соединений в виде ацетатов соответствующих спиртов. Описываются получение этих производных, методика хроматографии и обработка данных, а также расчет состава полисахаридов и его значение для практики.

Analysis of the Polysaccharides in Wood and Pulp

For analysis of carbohydrates in wood and pulp the gas chromatography of alditol acetates is especially suitable. The preparation of the derivatives from the samples and the chromatographic procedure including the evaluation of the results are described. Finally, the calculation of the polysaccharide composition and its applications in the pulping technology are discussed.

1. Einleitung

Das Holz ist bis zu etwa $^2/_3$ aus Kohlenhydraten aufgebaut, und diese liegen hauptsächlich als Polysaccharide vor, von denen es mehrere verschiedene Arten gibt. Es gibt Homopolysaccharide, die aus einem einzigem Monosaccharid bestehen, wie z. B. Cellulose, und es gibt Heteropolysaccharide, die aus zwei oder mehreren Monosacchariden aufgebaut sind, z. B. Galaktoglucomannan. Folgendes Schema stellt die verschiedenen Bestandteile der Nadel- und Laubhölzer dar:

Lipophile Extraktstoffe,
Hydrophile Extraktstoffe (Salze, Zucker, Polysaccharide),
Metallionen,
Proteine,
Lignin,
Cellulose,
Acetyliertes Galaktoglucomannan (in Nadelholz),
Glucomannan (in Laubholz)
Arabinomethylglucuronoxylan (in Nadelholz),
Acetyliertes Methylglucuronoxylan (in Laubholz).

2. Verschiedene Analysenwege

Wenn man Holzpolysaccharide zu analysieren wünscht, kann man natürlich prinzipiell jede von ihnen rein herstellen und die verschiedenen Präparate wägen. Denn man kann reine Polysaccharide aus Holz isolieren; auf diese Weise hat man die heutige Kenntnis ihrer Struktur erreicht. Jedoch verliert man immer ein wenig von jedem Bestandteil, weil man oft drastische Bedingungen für die verschiedenen Isolierungsstufen wählen muß. Eine bessere Methode ist daher die der Gesamthydrolyse, d. h., saure Hydrolyse von der Probe und danach die separate Bestimmung von den entstandenen Monosacchariden. Dann entstehen aber folgende Schwierigkeiten:

[1]) Vorgetragen auf der Internationalen Arbeitstagung „Chemische und physikalische Methoden zur Charakterisierung von Zellstoff und von Cellulosederivaten" in Rostock am 27. Mai 1974.
[2]) Postfach 136, SF-00101 Helsinki 10, Finnland

Arabinomethylglukuronoxylan

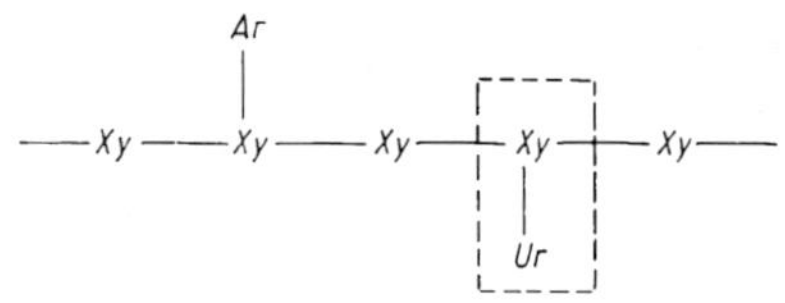

Molverhältnis Xylose : Methylglukuronsäure = n

Korrektionsfaktor für unvollständige Hydrolyse = k_x

$$k_x = \frac{n}{n - \frac{2}{3}}$$

Kiefernholz und -Holocellulose : $n \approx 6$, $k_x = 1{,}13$

Kiefernsulfatzellstoff : $n \approx 30$, $k_x = 1{,}02$

Bild 1. Xylan und seine Hydrolyse

1. Gewisse Glykosidbindungen sind schwierig spaltbar (Bild 1), und daher erhält man nach der Hydrolyse ein wenig Disaccharide, vielleicht sogar Trisaccharide. Dies gilt vor allem für die Glykosidbindungen der Uronsäuren, und man kann, mit der Kenntnis von deren Vorkommen in gewissen Polysacchariden, wie Xylan, eine entsprechende Korrektur vornehmen [1].
2. Ein kleiner Abbau von Zucker findet während der Hydrolyse statt, z. B. Aromatisierung von Pentosen zu Furfural. Dieser Abbau ist jedoch gut reproduzierbar, und man kann durch die „Hydrolyse" und Analyse von bekannten Zuckergemischen den Fehler kompensieren.
3. Ein Gemisch von sauren und neutralen Zuckern entsteht bei der Hydrolyse, und wenn man z. B. flüchtige Derivate für Gaschromatographie daraus herstellt, erhält man bisweilen dasselbe Derivat aus zwei verschiedenen Monomeren, z. B. Glucitol aus Glukose und Glukoronsäure. Außerdem wird die Anzahl von Zuckerderivaten oft so groß, daß die Trennung der Bestandteile schwierig ist. Manchmal ist man nur an den neutralen Zuckern interessiert, und dann werden die sauren Zucker mit demselben Ionenaustauscher entfernt wie die Hydrolysesäure. Bisweilen wünscht man doch die sauren Zucker zu analysieren (besonders in Sulfitablaugen), und dann kann man sie selektiv aus dem Ionenaustauscher eluieren. Bei einer eventuellen Reduktion zu Alditolen geben Glucuronsäure und Gluconsäure beide Glucitol, wenn man jedoch mit Natriumdeuteridoborat reduziert, können deren relative Mengen mittels Massenspektrometrie bestimmt werden [2].
4. Ein Zucker kann aus mehreren verschiedenen Polysacchariden stammen, beispielsweise Glucose aus Cellulose, Glucomannan, Stärke und Laricinin. Umgekehrt bilden Heteropolysaccharide mehr als einen Zucker, beispielsweise ergibt Galactoglukomannan Galaktose, Glucose und Mannose. Um die Zuckeranalysendaten zu Polysaccharidenzusammensetzung umzurechnen, muß man daher die durchschnittlichen Zusammensetzungen der Polysaccharide wissen. Manchmal sind derartige Resultate in der Literatur zu finden, bisweilen kann es dagegen nötig sein, Polysaccharide aus der Probe zu isolieren, um jene Parameter zu bestimmen.

Trotz dieser vier Nachteile ist die Gesamthydrolyse-Zuckeranalyse-Methode vorzuziehen.

3. *Probenvorbereitung für die Zuckeranalyse*

Ohne Rücksicht auf die Natur der Probe — Holz, Holocellulose, Zellstoff oder Polysaccharidpräparat — und ohne Rücksicht auf die am Ende anzuwendende Chromatographiemethode fängt man mit einer Hydrolyse der feingemahlenen Probe an. Am gebräuchlichsten ist die Methode von *Saeman* u. Mitarb. [3], wobei die Probe zuerst in 72%ige Schwefelsäure („Klasonsäure") bei Zimmertemperatur, oder eher bei 0 bis 5 °C, gelöst wird. Nach 1 h wird mit Wasserzusatz die Säurekonzentration bis zu 2,5% (etwa 0,25 M) erniedrigt und die Hydrolyse wird während 1 h bei 120 °C fortgeführt.

Nach der Hydrolyse soll die Lösung neutralisiert werden, was auf verschiedene Weise erzielt werden kann. Bisweilen hat man Bariumhydroxyd oder Bariumcarbonat benutzt, um die Schwefelsäure zu entfernen. Es gibt dabei ein gewisses Risiko für die Epimerisierung und für die Adsorption der Zucker. Am besten verwendet man einen schwach basischen Anionenaustauscher in der Karbonatform, und unterbricht die Neutralisation, wenn der pH-Wert 4,0 bis 4,5 erreicht hat [4].

4. *Behandlung von Sulfitablaugen*

Wird Sulfitablauge analysiert, soll wahrscheinlich ihr Monosaccharideninhalt bestimmt werden, und dann ist die Hydrolyse natürlich nicht nötig. Wird es sich jedoch um eine Bisulfit- oder Neutralsulfitablauge handeln, so muß dagegen die Lauge zuerst eingedampft und hydrolysiert werden. Die saure Ablauge [5] wird durch Kationenaustausch in Wasserstofform und anschließende Eindampfung von Sulfit befreit. Nach Wiederauflösung und Laktonspaltung bei etwa pH = 8 werden alle Säuren an einen stark basischen Anionenaustauscher in der Acetatform absorbiert, mit Ausnahme von hochmolekularen Lignosulfonsäuren, die zusammen mit Neutralsubstanzen mit heißem Wasser ausgewaschen werden. Wünscht man auch die Carbonsäuren zu analysieren, können sie danach mit 2 M Essigsäure selektiv eluiert werden. Die Neutralzuckerfraktion wird dadurch von den Lignosulfonsäuren befreit, wenn die Lösung eine kleine Säule mit Diäthylaminoäthylcellulose in der Karbonatform durchläuft.

5. *Chromatographie*

Soweit hat man also nach der Probenvorbereitung entweder eine Lösung von Aldosen oder eine Lösung von Säuren, zunächst Uron- und Aldonsäuren. Diese Gemische müssen jetzt chromatographisch getrennt werden. Früher hat man dazu häufig Papierchromatographie benutzt, was leicht auszuführen war, jedoch ungenaue Resultate gab. Nunmehr ist die Papierchromatographie großenteils von der Dünnschichtchromatographie verdrängt worden, die viel schneller ist. Bei diesen beiden Methoden können die getrennten Substanzen entweder von der Unterlage extrahiert und danach z. B. mit Hilfe von einem Farbreagenz bestimmt werden, oder das Chromatogramm kann direkt entwickelt und die Flecken können densitometrisch gemessen werden. Die erste Methode erfordert mehr Arbeit, gibt aber genauere Resultate. Indessen bieten andere chromatographische Verfahren derartige Vorteile, so daß Papier- und Dünnschichtchromatographie hauptsächlich für qualitative Analysen Bedeutung hat. Sie werden daher in diesem Zusammenhang nicht weiter behandelt.

Eine Methode, die sehr genaue Resultate gibt, ist die Flüssigkeitschromatographie. Besonders geeignet ist sie für Sulfitablauge, weil man Aldosen in der Anwesenheit von Säuren bestimmen kann [6], wobei eine Säule

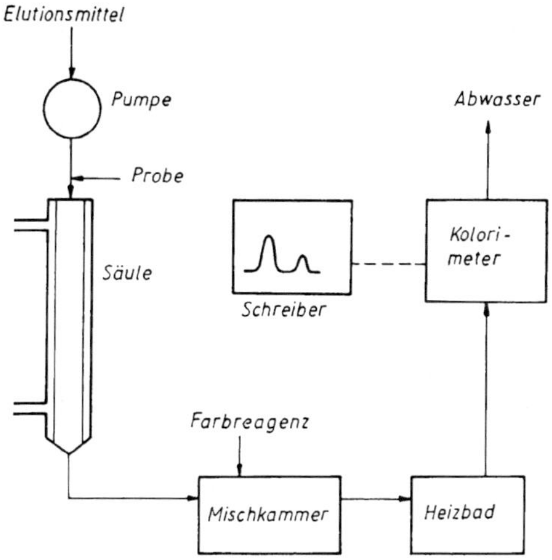

Bild 2. Säulenchromatographie von Zuckern

von einem makroporösen Harz benutzt wird. Nachdem die Kationen der Probe gegen Li^+ ausgetauscht und die Lösung gut konzentriert wurden, verdünnt man diese mit Äthanol bis zu einer Konzentration von 86%. Die Probe wird dann auf die Säule aufgetragen (Bild 2) und mit 90gradigem 86%igem Äthanol eluiert. Zuerst erscheinen die Aldosen, dann die Säuren. Das Eluat geht durch einen Autoanalysator, indem schwefelsaures Orcinol zugesetzt wird, und die optische Dichte bei 420 mm in einem Druchflußphotometer gemessen und mit einem Schreiber registriert. Es gibt auch mehrere andere Systeme für die säulenchromatographische Zuckeranalyse, die meistens von *Samuelson* u. Mitarb. entwickelt wurden[7].

Die für Routineanalysen von Zuckern zweckmäßigste Methode ist die Gaschromatographie. Dieses Verfahren ist neuerdings in einem ausführlichen Artikel von *Dutton* behandelt worden [8]. Die Aldosen selbst sind nicht flüchtig und müssen daher zu flüchtigen Derivaten umgewandelt werden. Stellt man direkt aus einer Aldose Derivate her, z. B. Trimethylsilyläther, erhält man jedoch mehrere, bis zu vier verschiedene Derivate derselben Aldose, zwei furanosidische und zwei pyranosidische. Dieses Verhältnis mag zu Zeiten eine Identifizierung von unbekannten Proben erleichtern, ist aber öfters lästig, weil so viele Peaks im Chromatogramm erscheinen und sie nicht völlig getrennt werden können. Andererseits ist es natürlich bequem, Derivate in einer Stufe herzustellen. Statt die Aldosen direkt zu derivatisieren, kann man sie erst zu Aldonsäure-laktonen oxydieren, deren Trimethylsilyläther für Gaschromatographie gut geeignet sind. Die gleichzeitige Entstehung von pyranosidischem und furanosidischem Lakton kann zur Zeit vermieden werden [9]. Bessere Ausbeuten als bei Oxydation erhält man mit Reduktion von den Aldosen zu Alditolen, die geradkettig sind und nicht in verschiedenen isomeren Formen auftreten. Die Alditolderivate, die am leichtesten zu trennen sind, sind die Acetate.

6. Herstellung von Alditolacetat aus Aldosen

Zunächst ist die Aufgabe, die Aldosen zu Alditolen zu reduzieren. Das einzige Reagenz, das eine weite Verwendung erhalten hat, ist das Tetrahydridoboration. Dabei ist vielleicht KBH_4 gegenüber $NaBH_4$ zu bevorzugen, weil das Kaliumsalz nicht so hygroskopisch und daher stabiler ist. Vor der Reduktion dampft man die Aldoselösung ein, bis sie etwa 0,1 M in Gesamt-Aldos ist. Kaliumtetrahydridoborat wird dann der Lösung zugesetzt, und zwar massemäßig etwa gleich der Aldosemenge. Das Hydrid darf sich in der Probe lösen, und man kontrolliert, daß die Mischung alkalisch ist. Nach 3 h bei Zimmertemperatur ist die Reduktion vollendet. Der Hydridüberschuß wird mit Säure zerstört; es ist jedoch unzweckmäßig, nur Essigsäure zuzutropfen und dann einzudampfen, weil man dann Kaliumborat erhält, das die folgende Acetylierung erschwert. Statt dessen entfernt man die Kationen der Reduktionslösung mit einem stark sauren Kationenaustauscher in der H^+-Form, wobei das Hydrid sich gleichzeitig zu Wasserstoff und Borsäure zersetzt, und dampft dann die Lösung ein. Aus Borsäure und Methanol bildet sich spontan Methylborat, was flüchtig ist. Löst man also die Probe drei- bis fünfmal in absolutem Methanol und dampft es jedesmal vollständig ein, so ist die Borsäure fast ganz verschwunden.

Das so erhaltene trockene Alditolgemisch wird mit Essigsäureanhydrid acetyliert. Als Katalysator kann Pyridin [10], Natriumacetat [11] oder Schwefelsäure [12] benutzt werden. Pyridin ist vorteilhaft, weil man das Reaktionsgemisch gerade in den Gaschromatographen einspritzen kann, andererseits muß man aber strenge Bedingungen verwenden, mit Rücksicht auf das Risiko, daß Borsäure noch in der Probe vorhanden ist und die Acetylierung retardiert [13]. Rückflußkochung mit Essigsäureanhydrid und Pyridin 1:1 während 4 h genügt. Das gesamte Herstellungsverfahren der Präparate für die Zuckeranalyse ist im Bild 3 zu sehen. Wir sehen, daß absolute Werte der Zuckermengen er-

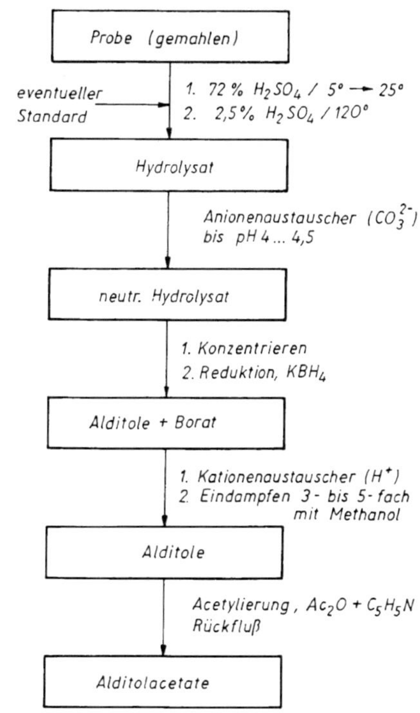

Bild 3. Herstellung von Zuckerderivaten für die gaschromatographische Analyse

halten werden können, wenn eine bekannte Menge von einer Standardsubstanz zugesetzt wird, vorzugsweise vor der Hydrolyse. Diese Standardsubstanz sollte dem analysierten Zucker so gut wie möglich gleichen; eine in der Probe nicht anwesende Aldose oder Inositol, z. B. Myoinositol, ist zweckmäßig, dagegen nicht Alditole, die während der Hydrolyse teilweise zu Epimeren und Anhydriden umgewandelt werden.

7. *Gaschromatographie*

Für die gaschromatographische Trennung sind mehrere verschiedene Kombinationen von flüssigen Phasen und Trägersubstanzen, die in der Übersicht von *Dutton* [8] erwähnt sind, geprüft worden. Die flüssige Phase, die am meisten für die Trennung von Alditolacetate benutzt zu werden scheint, ist ECNSS-M, ein Äthylenglykolsuccinat-Polyester, zu dem substituierte Silicongruppen gepfropft sind [10]. Andere brauchbare Substanzen sind die Mischung von dem nitrilierten Silicon XF 1150 und Äthylenglykolsuccinat [4], ebenso Phenyl- und Alkylsubstituierte Silicone wie OV-225 [14].

Als inaktive Trägersubstanz braucht man gewöhnlich verschiedene kommerzielle Präparate, wie Gas Chrom P, Gas Chrom Q oder Chromosorb W, die mit flüssiger Phase zu etwa 1 bis 10% geladen werden. 3 bis 4% von ECNSS-M scheint vielleicht die zweckmäßigste Ladung zu sein. Eine Säule von 2 m Länge soll genügend sein, und die Temperatur beträgt gewöhnlich 170 bis 190 °C, wenn man isothermisch operiert. Es ist natürlich auch möglich, Temperaturprogrammierung zu benutzen, wenn ein schönes Chromatogramm erwünscht ist. Und wenn die Ac_2O-C_5H_5N-Lösung eingedampft wird und die Probe dann z. B. in Chloroform gelöst wird, erhält man eine flachere Grundlinie.

Die Auswertung des Chromatogramms erfolgt entweder durch Messung der Peakflächen, z. B. durch Wägung, oder durch die Verwendung eines elektronischen Integrators. Im ersteren Fall sollte die Empfindlichkeit des Detektors fortlaufend nach der Höhe der verschiedenen Peaks in dem Chromatogramm angepaßt werden, was nicht nötig ist, wenn man einen elektronischen Integrator verwendet. Im zweiten Fall muß jedoch die Trennung sehr gut sein, wenn man sehr genaue Resultate erhalten will [15].

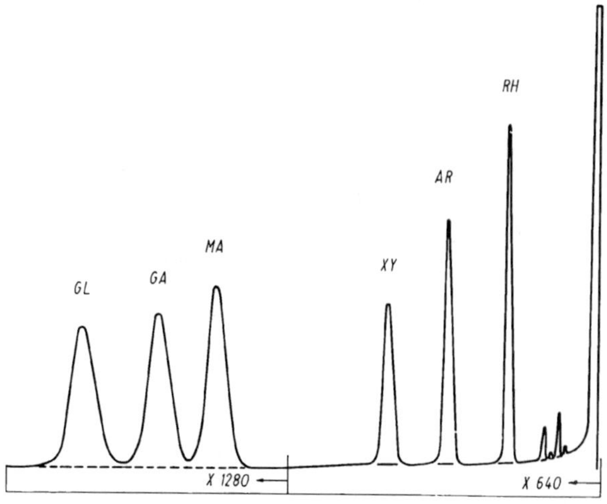

Bild 4. Trennung verschiedener Alditolacetate in Chloroform

Bild 4 zeigt ein Beispiel für die Trennung von Alditolacetaten. Es handelt sich um eine synthetische Mischung der sechs Alditolen von holzchemischem Interesse. Eine 2 m lange Säule von 2,2 mm Innendurchmesser mit 4,4% ECNSS-M auf Chromsorb W wurde benutzt, mit einem Stickstoffstrom von 30 ml/min bei einer Temperatur von etwa 180 °C. Wenn man Holz- und Zellstoff-Proben analysiert, erhält man natürlich etwas weniger schöne Chromatogramme, wie z. B. die in Bild 5 und Bild 6. Man erhält außerdem ein paar zusätzliche Peaks, wovon einer dem Lävoglukosan entspricht. Lävoglukosan ist das Zuckeranhydrid, das am meisten gebildet wird, wenn Glukose oder Glukopolysaccharide mit starker Säure erhitzt werden. Eigentlich sollte dieser Peak zusammen mit dem des Glucitols gerechnet werden. Andererseits korrigiert man das annähernd, wenn man die relativen Empfindlichkeiten der Aldosen bestimmt, was dadurch erreicht wird, daß bekannte Zuckergemische das ganze Analyseverfahren durchlaufen dürfen.

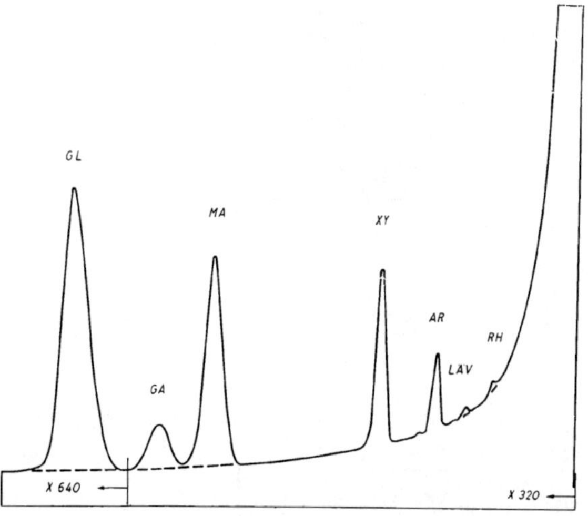

Bild 5. Analyse von Kiefernholz — Trennung der Alditolacetate in $Ac_2O + C_5H_5N$

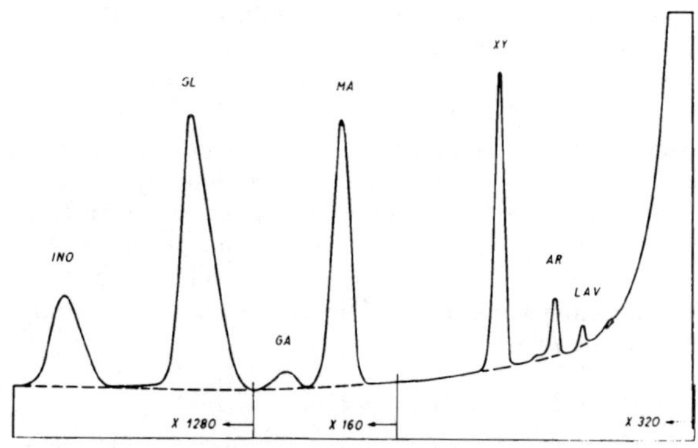

Bild 6. Analyse von Kiefernzellstoff — Trennung der Alditolacetate in $Ac_2O + C_5H_5N$

8. Berechnungen der Zuckerzusammensetzung

Nachdem das Chromatogramm fertig ist, werden die Flächen der Peaks gemessen und in dieselbe Detektorempfindlichkeit umgerechnet. Diese relativen Flächen werden mit je einem Faktor multipliziert, der den Abbau während des Gesamtverfahrens korrigiert. Gewöhnlich setzt man den Glukosefaktor gleich 1,00. Die Faktoren für die übrigen Holzzucker werden dann etwa 1,0 bis 1,1. Außerdem muß man, wenn Glucuronoxylan in der Probe vorhanden ist, die Xylitolfläche mit einem Faktor multiplizieren, der die Korrektur dafür ergibt, daß die Bindungen zwischen Methylglucuronsäure und Xylose (Bild 1) so stark sind, daß nur etwa 1/3 von ihnen während der Hydrolyse gespalten werden [1]. Um einen richtigen Xylosewert zu erhalten, muß man daher mit dem Faktor K_m multiplizieren, dessen Größe in folgender Weise vom Molverhältnis Xylose : Uronsäure (n) im Xylan abhängig ist:

$$K_x = \frac{n}{n - \frac{2}{3}}.$$

Für Kiefernholz und -Holzcellulose mit $n = 6$ und für Kiefernsulfatzellstoff mit $n = 30$ wird K_x gleich 1,13 bzw. 1.02. Diese Korrektur sollte immer routinemäßig gemacht werden, und man schafft zweckmäßigerweise Tabellen über K_x-Werte für verschiedene Arten von Proben.

Wenn eine Standardsubstanz für Absolutbestimmung benutzt wird, muß sie auch für den Abbau korrigiert, jedoch nicht in das Resultat eingerechnet werden.

Das Analysenresultat kann entweder auf Aldosbasis, d. h. als % Arabinose, % Xylose usw., oder auf Anhydridbasis, d. h. als % Anhydroarabinose usw. ausgedrückt werden. Man muß sich nur erinnern, wie man es gemacht hat, bevor man die Polysaccharidenzusammensetzung berechnet.

9. Berechnung von Polysacchariden

Die Methode zur Berechnung von Polysaccharidzusammensetzung aus Zuckeranalysen ist früher veröffentlicht worden [16]. Folgende Prinzipien liegen den Rechnungen zugrunde:

1. 1 Molekül Zucker minus 1 Molekül Wasser ergibt eine Einheit in der Polysaccharidenkette (falls die Analysenresultate als % Aldose ausgedrückt sind).
2. Alle Xylose stammt aus dem Xylan, und dieses enthält Arabinose und Xylose im Molverhältnis a, und außerdem U % Anhydromethylglucuronsäure, auf acetylfreies Xylan bezogen. a und U müssen bestimmt oder aus der Literatur genommen werden.
3. Alle Mannose stammt aus dem Glucomannan und dem Galaktoglucomannan, (zusammen mit einem Teil der Glucose und der Galaktose). Die durchschnittlichen Molverhältnisse Mannose:Glucose (m) und Galaktose:Glucose (g) müssen bestimmt oder aus der Literatur genommen werden.
4. Die Cellulose ergibt sich aus dem Glucosegehalt nach Subtraktion von den Glucosemengen, die aus anderen Polysacchariden stammen, wie Glukomannan, Stärke, Laricinin usw.
5. Alle übrige Arabinose und Galaktose sowie alle Rhamnose wird für sich (nicht spezifiert) angegeben, z. B. unter den Rubriken „Uebrige Anhydroarabinose", „Uebrige Anhydrogalaktose" und „Anhydrorhamnose".
6. Für chemische Zellstoffe vereinfachen sich die Rechnungen, weil es darin nur Xylan (wozu alle vorkommende Arabinose gerechnet wird), Glucomannan (wozu alle vorkommende Galaktose gerechnet wird) und Cellulose gibt.

Die Formeln für die Berechnung der verschiedenen Polysaccharidgehalte erscheinen unten, wo RH, AR, XY, MA, GA und GL die Gehalte von Rhamnose, Arabinose, Xylose, Mannose, Galaktose und Glucose als Prozente von neutralem Zucker im Hydrolysat bedeuten. S ist gleich dem Gehalt (%) von Nicht-Kohlenhydraten in der Probe und V dem Gehalt von derartiger Uronsäure, die nicht zu dem Xylan gebunden ist (% von der Probe). Der Einfachheit halber schafft man außerdem folgende zwei Gleichungen:

$$N_1 = \frac{88{,}0\,(\mathrm{AR} + \mathrm{XY})}{100 - U} + 0{,}900\,(\mathrm{GA} + \mathrm{GL} + \mathrm{MA}),$$

$$N_2 = \frac{0{,}880\,\mathrm{XY}\,(100 + aU)}{100 - U} + 0{,}880\,\mathrm{AR} + 0{,}890\,\mathrm{RH} + 0{,}900\,(\mathrm{GA} + \mathrm{GL} + \mathrm{MA}).$$

Die Polysaccharidgehalte in Holz, Holocellulose und Halbzellstoff ergeben sich dann (% der Probe) als:

$$\text{XYLAN} = \frac{88{,}0\,(1 + a)\,(100 - S - V)}{(100 - U)\,N_2},$$

(GALAKTO) GLUCOMANNAN

$$= \frac{0{,}900\,\mathrm{MA}\left(1 + \frac{1}{m} + \frac{g}{m}\right)(100 - S - V)}{N_2},$$

$$\text{CELLULOSE} = \frac{0{,}900\left(\mathrm{GL} - \frac{\mathrm{MA}}{m}\right)(100 - S - V)}{N_2},$$

„ANHYDRORHAMNOSE"

$$= \frac{0{,}890\,\mathrm{RH}\,(100 - S - V)}{N_2},$$

„UEBRIGE ANHYDROARABINOSE"

$$= \frac{0{,}880\,(\mathrm{AR} - a\mathrm{XY})\,(100 - S - V)}{N_2},$$

„UEBRIGE ANHYDROGALAKTOSE"

$$= \frac{0{,}900\left(\mathrm{GA} - \frac{g}{m}\,\mathrm{MA}\right)(100 - S - V)}{N_2},$$

Für chemische Zellstoffe, die nur Xylan, Glukomannan und Cellulose enthalten, ergibt sich auf gleiche Weise:

$$\text{XYLAN} = \frac{8800\,(\text{AR} + \text{XY})\left(1 - \frac{S}{100}\right)}{(100 - U)N_1},$$

(GALAKTO) GLUCOMANNAN

$$= \frac{90{,}0\,(\text{GAm} + \text{MAm} + \text{MA})\left(1 - \frac{S}{100}\right)}{mN_1},$$

$$\text{CELLULOSE} = \frac{90{,}0\,(\text{GLm} - \text{MA})\left(1 - \frac{S}{100}\right)}{mN_1},$$

Die größten Fehlerquellen sind die Unsicherheit im Uronsäuregehalt (U) des Xylans und im durchschnittlichen Verhältnis Mannose:Glukose (m) in Glucomannan und Galaktoglucomannan. Für gewisse Holzarten hat man diese Polysaccharide isoliert und dabei auch U und m bestimmt, jedoch sind die Präparate nicht quantitativ isoliert worden, und deren Repräsentativität ist unbekannt. Außerdem gibt es im Nadelholz zwei Arten von Glucomannan [17]. Eine ist in Alkali leicht löslich und zeigt Molverhältnisse Galaktose:Glucose:Mannose um etwa 1:1:3, der andere ist schwerlöslicher und zeigt die entsprechenden Molverhältnisse 0,2:1:4. Die vorgeschlagenen Werte für die verschiedenen Parameter sind in der Tabelle 1 wiedergegeben.

Die erhaltenen Werte für die unspezifizierten Polysaccharide „Anhydrorhamnose", „Uebrige Anhydroarabinose" und „Uebrige Anhydrogalaktose" sind gewöhnlich klein. Beispielsweise kommt „Anhydrorhamnose" nur zu etwa 0,2% in Kiefern- und Fichtenholz vor, und in Birkenholz bis zu etwa 0,5%. Bisweilen können doch große Werte für die Anhydroarabinose und Anhydrogalaktose erscheinen. Analysenwerte, aus der Literatur genommen [18], zeigen in Bild 7, daß die hohen Werte für den Heißwasserextrakt von Larix sibirica ziemlich gut mit den der Summe „Übrige

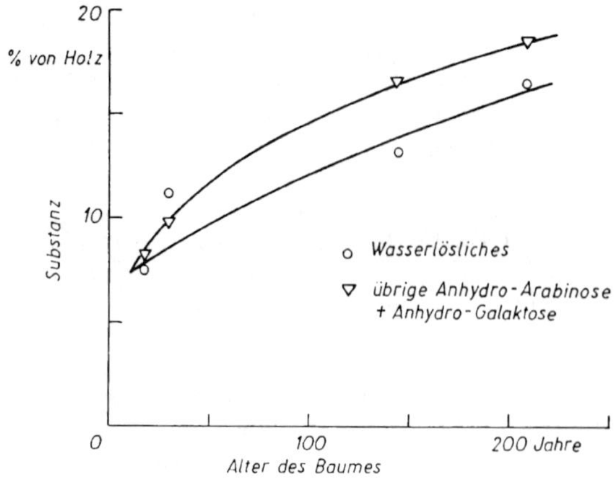

Bild 7. Wasserlösliche Polysaccharide in Lärchenholz

Anhydroarabinose" + „Übrige Anhydrogalaktose" korreliert sind. Es handelt sich um Arabinogalaktan, das reichlich in Lärchenholz vorkommt und bei Wasserextraktion herausgelöst wird.

10. Anwendung der Polysaccharidanalysen

Wozu braucht man jetzt die Polysaccharidgehalte? Man braucht sie, um die Gesamtzusammensetzung von Holz zu berechnen, und manchmal kann man z. B. aus ihnen voraussagen, wie sich die Zellstoffausbeute nach den Kochbedingungen ändern wird, z. B. bei der Zweistufensulfitkochung von Nadelholz oder bei der Polysulfidkochung. Bisweilen kann man auch die Polysaccharidgehalte für Zellstoffausbeutebestimmungen in den Fabriken benutzen. Dies ist möglich, wenn das Holz eine Substanz enthält, die gar nicht während der Kochung herausgelöst wird. Dieses ist der Fall mit Cellulose bei Sulfitkochung zu Papierzellstoff (aber nicht zu Viskosezellstoff). Man erhält die Zellstoffausbeute als Verhältnis zwischen dem Cellulosegehalt des Holzes und dem des Zellstoffs:

$$\text{Zellstoffausbeute} = \frac{\text{Cellulosegehalt des Holzes}}{\text{Cellulosegehalt des Zellstoffs}}.$$

Wenn man die Ausbeute in Prozent wünscht, dann multipliziert man mit 100.

Tabelle 1. Zahlenwerte für verschiedene Parameter bei der Berechnung von Polysaccharidzusammensetzung

Art der Probe	Uronsäure in Xylan % von Xylan U	Molverh. Ara/Xyl in Xylan a	Molverhalten in Glukomannan Man/Glu m	Molverhalten in Glukomannan Gal/Glu g	Uronsäure nicht in Xylan % von Probe V
Hölzer:*)					
Kiefer (Pinus silvestris *L.*)	20,0	0,14	3,6	0,4	0,6
Fichte (Picea abies *Karst.*)	18,0	0,14	4,0	0,4	0,6
Birke (Betula verrucosa *Ehrh.*)	10,0	0,00	1,6	0,0	1,0
Vollzellstoffe:					
Kiefernsulfit	11,0	—	3,3	—	—
Kiefernsulfat	4,6	—	4,1	—	—
Fichtensulfit	10,0	—	3,8	—	—
Fichtensulfat	4,1	—	4,2	—	—
Birkensulfit	6,2	—	1,6	—	—
Birkensulfat	5,0	—	1,6	—	—

*) Für Holocellulose sind wahrscheinlich U, a, m und g gleich denen von Holz, V dagegen beträchtlich niedriger.

Faserforschung und Textiltechnik 25 (1974) Heft 9
Zeitschrift für Polymerforschung

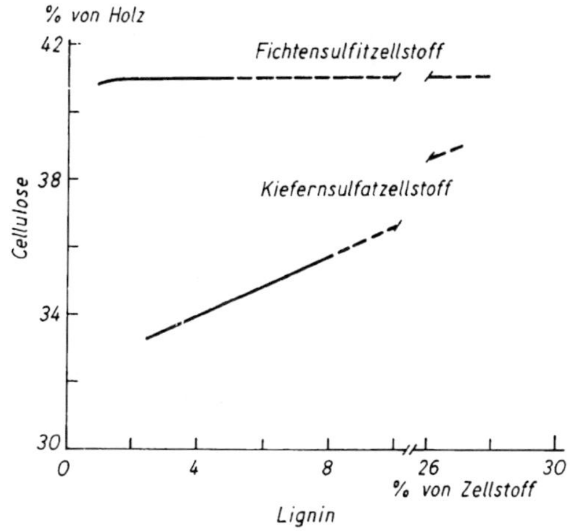

Bild 8. Zellstoffausbeute für Sulfit- und Sulfatkochung

Diese Formel darf natürlich nicht für derartige Prozesse angewendet werden, in denen Cellulose herausgelöst wird, wie z. B. Viskose- und Sulfatkochungen. Die Celluloseausbeuten für Sulfit- und Sulfatkochung gehen aus Bild 8 hervor, das Resultate aus [19] und [20] darstellt.

Für die Ausbeutebestimmung braucht man also die Celluloseinhalte von Holz und Zellstoff. Der Celluloseinhalt von Zellstoff ist ziemlich leicht zu bestimmen, man mißt ganz einfach den Extraktgehalt, z. B. mit Äthanolextraktion, und den Ligningehalt, entweder als Klasonlignin, für Säurelösliches korrigiert, oder indirekt als Chlorverbrauch. Der Rest ist Cellulose, Glucomannan und Xylan, und die Bestandteile werden mit einer Zuckeranalyse bestimmt. Mit Holz ist es etwas schwieriger. Es gibt Direktmethoden für Cellulosebestimmung, z. B. nach *Cross-Bevan* oder *Kürschner*. Sie sind aber unzweckmäßig, denn sie geben eher den Holocellulose- als den Cellulosegehalt. Daher ist es auch beim Holz am besten, alle Nicht-Kohlenhydrate für sich zu bestimmen und den Rest als die gesamten Polysaccharide zu betrachten. Man braucht also für Holz folgende Analysen:

1. Extraktstoffe (EtOH),
2. Lignin (Klason + Säurelösliches),
3. Protein ($\approx 6 \times$ Stickstoff),
4. Metallionen ($\approx 2/3 \times$ Asche),
5. Acetyl
   (Das Acetyl gehört im Nadelholz zum Glucomannan, im Laubholz zum Xylan),
6. Uronsäure, nicht in Xylan ($\approx 1\%$ in Kiefer und Fichte, 1 bis 2% in Birke),
7. Neutrale Polysaccharide (Zuckeranalyse)
   Uronsäurehaltiges Xylan eingerechnet.

Man sollte sich in diesem Zusammenhang bewußt sein, daß *Holz und Zellstoffe keine „Asche" enthält.* Die Asche bildet sich während der Aschenbestimmung aus Metallionen und organischem Stoff. Außerdem ist zu bemerken, daß die an Xylan gebundene Uronsäure nicht immer bestimmt werden muß. Oft kann man deren Gehalt in entsprechenden Präparaten aus der Literatur nehmen. Sind passende Angaben nicht vorhanden, so muß man Xylan isolieren und seinen Uronsäuregehalt bestimmen.

Die Berechnung der Gehalte an verschiedenen Polysacchariden in Holz und Zellstoff ist notwendig, wenn man wissen will, was mit den Bestandteilen während Zellstoffherstellungsprozessen wie Kochung und Bleichen geschieht. Auch für Routinekontrolle in Fabriken werden derartige Analysen in der Zukunft immer mehr benutzt werden, je nachdem die Analyseninstrumente besser und üblicher werden.

Die Chromatogramme wurden in der Technischen Hochschule Helsinki aufgenommen, und ich danke Herrn Professor *Eero Sjöström* für die Zurverfügenstellung der Apparatur und Herrn Dipl.-Ing. *Klaus Pfister* für die Hilfe bei der Chromatographie.

Zusammenfassung

Das Vorkommen verschiedener Polysaccharide in Holz erfordert die Bestimmung mehrerer, sowohl saurer als auch neutraler Monosaccharide, was durch saure Hydrolyse und anschließende chromatographische Trennung erreicht wird. Am zweckmäßigsten werden zuerst die sauren und neutralen Zucker separiert und dann jede Gruppe für sich mit Papier-, Dünnschicht-, Säulen -oder Gaschromatographie analysiert. Für quantitative Bestimmungen eignen sich besonders Säulen- und Gaschromatographie. Letztere ist für Routineanalyse sehr zweckmäßig; dazu muß man jedoch flüchtige Derivate der Zucker herstellen. Verschiedene Typen von Derivaten und deren Herstellung sowie die Wahl der chromatographischen Bedingungen werden beschrieben.

Die Berechnung der Polysaccharidzusammensetzung von Holz- und Zellstoffproben aus Zuckeranalysen bringt besondere Schwierigkeiten, und zwar wegen der Anwesenheit desselben Zuckers in mehreren Polysacchariden und wegen des heterogenen Aufbaus gewisser Polysaccharide. Manchmal kann es nötig sein, aus den Proben gewisse Polysaccharide rein darzustellen.

Zum Schluß wird die Benutzung von Polysaccharidanalysen besprochen, z. B. zur Berechnung der Gesamtzusammensetzung der Probe und zur Ausbeutebestimmung bei der Zellstoffkochung.

Literatur

[1] *Meier, H.*, und *Wilkie, K. C. B.:* The distribution of polysaccharides in the cell-wall of tracheids of pine (Pinus silvestris *L.*). Holzforschung **13** (1959) 6, S. 177–182.

[2] *Sjöström, E.*, *Pfister, K.*, und *Seppälä, E.:* Quantitative determination of aldonic and uronic acids in mixtures as deuterium-labelled alditol acetates by gas chromatography-mass spectrometry. Wird in Carbohydrate Res. veröff.

[3] *Saeman, J. F.*, *Moore, W. E.*, *Mitchell, R. L.*, und *Millett, M. A.:* Techniques for the determination of pulp constituents by quantitative paper chromatography. Tappi, New York **37** (1954) 8, S. 336–343.

[4] *Sjöström, E.*, *Haglund, P.*, und *Janson, J.:* Quantitative determination of carbohydrates in cellulosic materials by gas-liquid chromatography. Svensk Papperstidn. **69** (1966) 11, S. 381–385.

[5] *Pfister, K.*, und *Sjöström, E.:* Quantitative determination of monosaccharides, aldonic and uronic acids in sulphite spent liquors as alditol acetates by gas-liquid chromatography. Wird in Cell. Chem. Technol. veröff.

[6] *Larsson, L.-I.*, und *Samuelson, O.:* Sugars in sulfite spent liquor. Svensk Papperstidn. **70** (1967) 18, S. 571–575.

[7] *Arwidi, B.*, und *Samuelson, O.:* Partition chromatography of sugars on ion exchange resins. Svensk Kem. Tidskr. **77** (1965) 2, S. 84–90.

[8] *Dutton, G. G. S.:* Applications of gas-liquid chromatography to carbohydrates: Part I. Advan. Carbohyd. Chem. **28** (1973) S. 11–160.

[9] *Perry, M. B.*, und *Hulyalkar, R. K.*: The analysis of hexuronic acids in biological material by gas-liquid partition chromatography. Can. J. Biochem. **43** (1965) S. 573—584.

[10] *Sawardeker, J. S., Sloneker, J. H.*, und *Jeanes, A.*: Quantitative determination of monosaccharides as their alditol acetates by gas-liquid chromatography. Anal. Chem. **37** (1965) 12, S. 1602—1604.

[11] *Albersheim, P., Nevins, D. J., English, P. D.*, und *Karr, A.*: A method for the analysis of sugars in plant cell-wall polysaccharides by gas-liquid chromatography. Carbohydrate Res. **5** (1967) 3, S. 340—345.

[12] *Borchart, L. G.*, und *Piper, C. V.*: A gas chromatographic method for carbohydrates as alditol acetates. Tappi, New York **53** (1970) 2, S. 257—260.

[13] *Crowell, E. P.*, und *Burnett, B. B.*: Determination of the carbohydrate composition of wood pulps by gas chromatography of the alditol acetates. Anal. Chem. **39** (1967) 1, S. 121—124.

[14] *Lönngren, J.*, und *Pilotti, A.*: Gas-liquid chromatography of partially methylated alditols as their acetates. II. Acta Chem. Scand. **25** (1971) 3, S. 1144—1145.

[15] *Sjöström, E.*, und *Juslin, S.*: Quantitative determination of carbohydrates in cellulosic materials by gas-liquid chromatography. Automatic integration of alditol peak areas. J. Chromatog. **54** (1971) S. 9—14.

[16] *Janson, J.*: Calculation of the polysaccharide composition of wood and pulp. Paper i Puu (Papier und Zellstoff) **52** (1970) 5, S. 323—329.

[17] *Timell, T. E.*: Wood hemicelluloses: Part II. Advan. Carbohyd. Chem. **20** (1965) S. 409—483.

[18] *Gvozdeva, E. N.*, und *Šarkov, V. I.*: Ob izmenii himičeskogo sostava drevesiny listvennicy sibirskoj (Larix sibirica) s vozrastom. Chimija Drevesiny **12** (1972) S. 45—48.

[19] *Sjöström, E.*: Gas chromatographic determination of carbohydrates in wood and pulp. Cellulose Chem. Technol. **5** (1971) 2, S. 139—145.

[20] *Janson, J.*: Massautbytet vid polysulfidkokning, 2: a Nordiska Sulfatkollokviet, Stockholm 1967, Berichte, S. 75—80.

Eingegangen am 27. Mai 1974

Eigenschaften orientierter, chemisch vernetzter Filme aus wasserlöslichem Celluloseacetat[1]

G. G. Vasil'eva und G. A. Petropavlovskij

Akademie der Wissenschaften der UdSSR, Institut für hochmolekulare Verbindungen, Leningrad

DK 678.544.4—416:541.135—126:678.028:539.3

In früheren Mitteilungen wurden die Eigenschaften isotroper, vernetzter Celluloseacetatfilme mit unterschiedlichem Substitutionsgrad beschrieben. In der vorliegenden Mitteilung werden einige Eigenschaften von einachsig orientierten durch chemische Vernetzung und räumlich strukturierten Filmen aus wasserlöslichem Celluloseacetat beschrieben.

Свойства ориентированных, химически сшитых пленок из водорастворимой ацетилцеллюлозы

В предыдущих сообщениях были описаны свойства изотропных сшитых пленок ацетилцеллюлозы с различной степенью замещения. В данном сообщении приводятся некоторые свойства одноосно ориентированных, химически сшитых и трехмерно структурированных пленок из водорастворимой ацетилцеллюлозы.

Properties of Oriented, Chemically Crosslinked Films of Cellulose Acetate soluble in Water

In earlier papers the properties of isotrop crosslinked films of cellulose acetate having different degree of substitution were described. The present communication presents some properties of uniaxially oriented and chemically crosslinked films of water-soluble cellulose acetate.

Experimenteller Teil

Das wasserlösliche Celluloseacetat ($\gamma = 55$) wurde durch homogene Hydrolyse von Cellulosetriacetat gewonnen [3]. Als Vernetzungsmittel diente Dimethyloläthylenharnstoff und als Katalysator $Zn(NO_3)_2 \cdot 6H_2O$ (in Mengen von 10 bzw. 1,2%, bezogen auf die Celluloseacetatmasse), die der wäßrigen Celluloseacetatlösung (4%ig) vor der Herstellung der Filme zugesetzt wurden. Die Filme wurden durch Gießen und Verdunsten des Lösungsmittels erhalten, anschließend einer Thermobehandlung bei 120 °C unterschiedlicher Dauer unterworfen und zuletzt in Wasser gekocht, um die nichtumgesetzten Reaktionspartner zu entfernen.

Zum Recken der Filme diente eine spezielle Vorrichtung, die die Durchführung dieser Operation unmittelbar in einem flüssigen Medium gestattete (wäßriger Alkohol, $d = 0{,}86$). In diesem Medium zeigen die Filme eine Massezunahme von 40% und weisen eine ausreichende Festigkeit auf, um ein Recken auf das Doppelte der ursprünglichen Länge zuzulassen. Nach erfolgtem Recken wurde der Orientierungsgrad der Filme mittels IR-Spektroskopie im polarisierten Licht bestimmt. Zu diesem Zweck wurde der Spektrograf UR-20 mit einem aus 6 Selenplatten von 10 µm Dicke bestehenden Polarisator benutzt. Bestimmt wurde das dichroitische Verhältnis $R = I_{\perp}/I_{\parallel}$ für die verschiedenen Banden in den IR-Spektren. Zur Deuterierung wurden die Filme in eine dichtschließende Küvette gebracht, durch die trockene, mit D_2O-Dämpfen gesättigte Luft geleitet wurde. Die Aufnahme der Deformationskurven erfolgte nach 24 h Klimatisieren der Filme bei 65% rel. Luftfeuchte unter Raumbedingungen mit einer konstanten Abzugsgeschwindigkeit der ziehenden Klemme von 4,02 mm/min. Der Gehalt an Formaldehyd wurde auf polarografischem Wege ermittelt [10].

[1]) Vorige Mitteilungen s. [1] und [2].

Ergebnisse und deren Diskussion

Die mechanischen Eigenschaften der vernetzten Filme im trocknen und im gequollenen Zustand in Abhängigkeit vom Formaldehydgehalt sind in der Tabelle 1 enthalten. Die Quellung erfolgte in 33%igem

Tabelle 1. Kennwerte vernetzter Filme aus wasserlöslichem Celluloseacetat

Lfd. Nr.	Formaldehydgehalt	Mechanische Eigenschaften			
		trocken		gequollen	
	%	σ kp/mm²	ε %	σ kp/mm²	ε %
1	0	12,6	18,5	2	50
2	0,53	8,0	13,0	6,3	31
3	0,63	7,3	9,0	5,4	30
4	0,70	6,9	6,0	3,8	25
5	0,90	3,0	3,0	—	—

wäßrigen Glycerin während 5 min. Aus den Angaben der Tabelle ist zu entnehmen, daß die Festigkeitsänderung der vernetzten Filme im trocknen und im gequollenen Zustand mit steigender Vernetzungsdichte unterschiedlich verläuft, was auch für andere wasserlösliche Derivate festgestellt wurde [4, 5, 6]. Während die Festigkeit der Filme im trocknen Zustand mit steigendem Formaldehydgehalt (von 0 bis 0,9%) kontinuierlich abnimmt, steigt sie im Zustand der begrenzten Quellung zunächst an. Danach nehmen Festigkeit und Reißdehnung mit steigender Vernetzungsdichte ab. Erklären läßt sich das offenbar damit, daß die nichtplastifizierten, niedrigsubstituierten Celluloseester infolge der relativen Starrheit ihrer Makromoleküle und des Vorhandenseins von Wasserstoffbrücken im kondensierten Zustand gewissermaßen ein vernetztes System darstellen. Die weitere Begrenzung der Beweglichkeit der Makromoleküle durch stärkere Vernetzung begünstigt die Lokalisierung der mechanischen Spannungen und setzt die Festigkeit der Filme herab (Bild 1a). Der Einfluß der Vernetzung auf die Festigkeit der Filme im gequollenen Zustand ist dem Einfluß der Vernetzung auf Elastomere vergleichbar, d. h., eine geringe Vernetzungsdichte führt zur Erhöhung der Festigkeit, zum Auftreten eines Bereiches der erzwungenen elastischen Deformation und zur Erhöhung der Starrheit (des *Young*-Moduls). Mit steigender Vernetzungsdichte nimmt die Starrheit zu, die Festigkeit dagegen ab, wie das in Bild 1b anschaulich dargestellt ist.

Einfluß der axialen Orientierung der Filme aus wasserlöslichem Celluloseacetat auf ihre Eigenschaften

IR-Spektren der einachsig orientierten Filme

In den normalen IR-Spektren orientierter Filme sind im Vergleich zu den Spektren der unorientierten Filme keine Veränderungen festzustellen, mit Ausnahme einer geringen Verschiebung von $\nu(OH)$ in Richtung niedrigerer Frequenzen (von 3470 nach 3464 cm^{-1}).

Die Anwendung von polarisiertem Licht ermöglicht es, gewisse Veränderungen in den Filmen bei der Orientierung zu verfolgen. Bild 2 zeigt als Beispiel die IR-Spektren eines orientierten (1,79fach gereckten) Films in den beiden Polarisationsebenen ($\perp$ und $\parallel$). Bild 3 gibt die Abhängigkeit des dichroitischen Verhältnisses vom Reckgrad für verschiedene Banden wieder. Danach ist die Bande bei 1165 cm^{-1} gegenüber der Orientierung am empfindlichsten.

Nach den in der Monografie von *Zbinden* [8] angegebenen Definitionen ist die Bande parallel, wenn ihr dichroitisches Verhältnis $R = I_\perp/I_\parallel < 1$, und senkrecht, wenn $R > 1$. Wie aus Bild 3 zu ersehen ist, ist die Bande bei 1165 cm^{-1} parallel, während die Banden bei 1745 cm^{-1} und 1250 cm^{-1} ($\nu(C{=}O)$ und $\nu(C{-}O{-}C)$ der Estergruppen) senkrecht sind. Ihr dichroitisches Verhältnis ändert sich zwar unterschiedlich, aber gesetzmäßig mit dem Reckgrad. Die Zuordnung der Banden im Bereich 1200 bis 1170 cm^{-1} in den IR-Spektren der Cellulose zu bestimmten Bindungen ist sehr unsicher, da eine beträchtliche Absorption in diesem Bereich durch die Überlagerung einer Reihe von Banden bedingt ist: $\nu(C{-}O)$, $t(C{-}H)$-Schwingungen der CH_2OH-Gruppen, der Glucosidbindungen, der Pyranoseringe [7]. Anzunehmen ist, daß die Absorption bei 1165 cm^{-1} größtenteils auf die Schwingungen der $C_1{-}O{-}C_5$-Bindung des Pyranoserings zurückzuführen ist, da

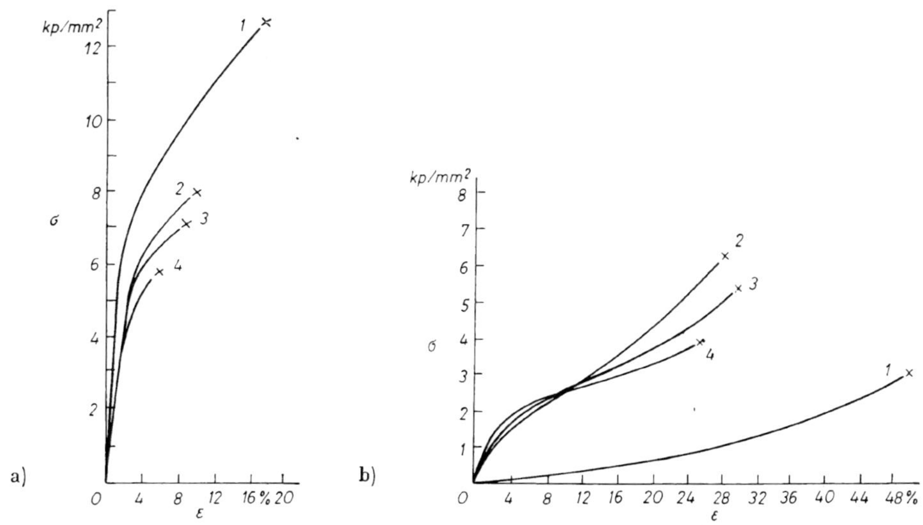

Bild 1. Deformationskurven vernetzter Celluloseacetatfilme im trocknen (a) und im gequollenen (b) Zustand: 1 unvernetzter Film; 2, 3, 4 vernetzte Filme mit 0,53, 0,63 bzw. 0,70% Formaldehydgehalt

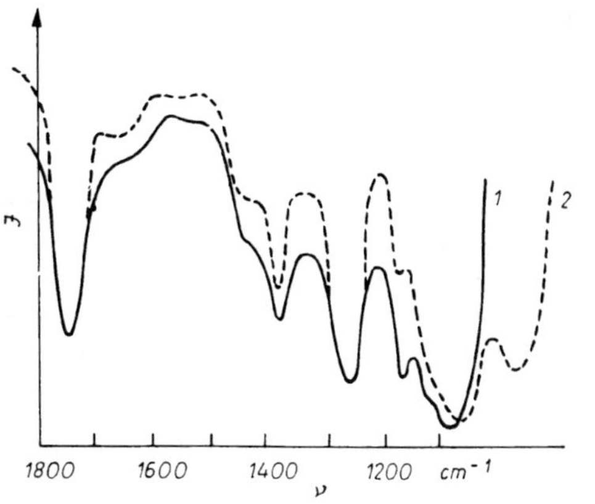

Bild 2. IR-Spektren der orientierten Filme (Reckgrad 1,79) im polarisierten Licht in der parallelen (1) und senkrechten (2) Polarisationsebene

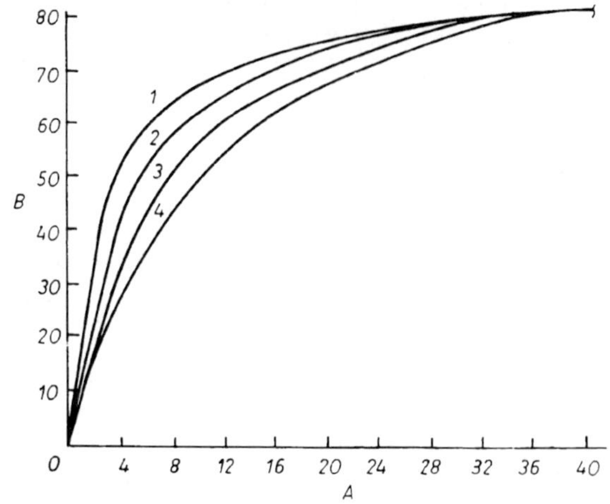

Bild 4. Einfluß der Orientierung auf den OH—OD-Austausch: 1 Reckgrad 1,78; 2 desgl. 1,67; 3 desgl. 1,21; 4 nichtorientiert

Absorption in diesem Bereich stets bei Mono- und Disacchariden vorhanden ist, bei linearen höheren Alkoholen jedoch fehlt [11]. *Huggins* [12] ordnet die Bande bei 1163 cm^{-1} den Schwingungen des Pyranoserings zu. Da beim Recken der Filme die Bande bei 1165 cm^{-1} am empfindlichsten ist (starke Abnahme des dichroitischen Verhältnisses), kann das als ein gewisser Beweis dafür gelten, daß die Anwesenheit dieser Bande in den IR-Spektren der Cellulose mit den Schwingungen der Ringe oder der C—O—C-Bindungen in den Ringen zusammenhängt, da es durchaus natürlich ist, eine Orientierung der linearen Cellulosemakromoleküle und folglich auch der Pyranosereste in Reckrichtung anzunehmen. Andererseits nimmt, wie bereits erwähnt,

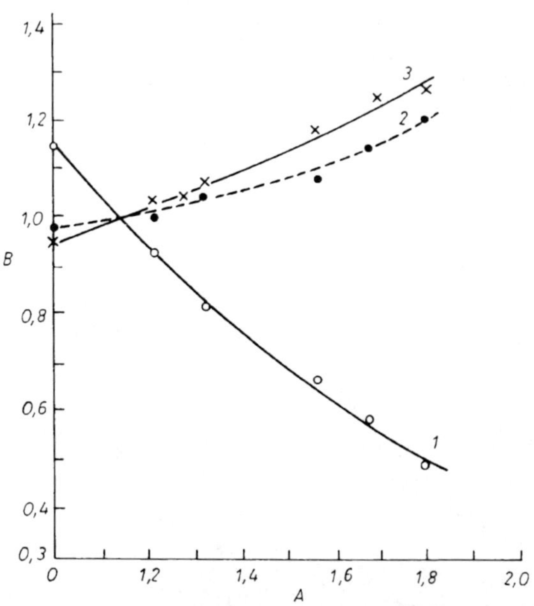

Bild 3. Änderung des dichroitischen Verhältnisses mit dem Reckgrad (A Reckgrad, B Dichroitisches Verhältnis) für folgende Absorptionsbanden: C—O—C (Pyranosering) 1165 cm^{-1} (Kurve 1), C—O—C (Esterbindung) 1250 cm^{-1} (Kurve 2), Valenzschwingungen der C=O-Bindung 1745 cm^{-1} (Kurve 3)

das dichroitische Verhältnis für die ν(C=O)-Bindung mit steigendem Reckgrad zu. Da der Augenblick des Übergangs der ν(C=O)-Schwingungen in den Estergruppen mit der Richtung der (C=O)-Bindung übereinstimmt [13], darf angenommen werden, daß sich die C=O-Bindungen senkrecht zur Reckrichtung orientieren. Dieser Umstand erzeugt eventuell zusätzliche sterische Hinderungen für die Ausbildung fester Wasserstoffbrücken zwischen den Hydroxylgruppen, die sich in der Wirkungssphäre der Acetylreste befinden. Im Ergebnis ist eine Erhöhung der Geschwindigkeit des Austausches des Wasserstoffs in den Hydroxylgruppen gegen Deuterium in den zugänglichen Bereichen zu verzeichnen (Bild 4). Andererseits ist eine Abnahme der Zugänglichkeit für den Deuteriumaustausch mit steigendem Reckgrad zu beobachten. Beträgt z. B. die Zugänglichkeit der OH-Gruppen für den Deuteriumaustausch im nichtorientierten Film 90% (bestimmt anhand der IR-Spektren über die Änderung der Absorptionsfläche ν(OH) nach Deuteriumaustausch $D = S_0 - S/S_0 100$), so liegt der entsprechende Wert für einen Film mit dem Reckgrad 1,78 nur noch bei 80%.

In den einer axialen Orientierung unterworfenen Filmen aus wasserlöslichem Celluloseacetat ist ebenso wie auch für andere Polymere [9] eine Anisotropie der mechanischen Eigenschaften in Quer- und Längsrichtung zu beobachten. In Längsrichtung nimmt die Zugfestigkeit zu, die Deformation ab, in Querrichtung nimmt umgekehrt die Festigkeit ab und die Deformation zu (Bild 5).

Einfluß der axialen Orientierung auf die Umsetzung des wasserlöslichen Celluloseacetats mit dem Vernetzungsmittel und die Eigenschaften der vernetzten Filme

Die Orientierung der Filme mit dem in ihnen enthaltenen Vernetzungsmittel erfolgte unmittelbar nach der Herstellung der Filme, weil bei der Lagerung der Filme bereits eine partielle Vernetzung eintreten kann. Vorversuche ergaben, daß eine Behandlung der Filme mit Alkohol/Wasser-Gemisch (5:1) vor der Thermofixierung praktisch keine Entfernung des Vernetzungs-

Tabelle 2. Einfluß der Orientierung auf den Formaldehydgehalt und die Zugänglichkeit der OH-Gruppen für den Deuteriumaustausch

Reckgrad	Dauer der Thermobehandlung min	Formaldehydgehalt %	Austauschvermögen nach 6 min %	Austauschvermögen Endwert %
1,0	1	0,53	—	—
1,0	3	0,63	55	83,5
1,2	1	0,69	—	—
1,2	3	0,68	46	82,8
1,4	3	0,69	39	78,6

mittels bewirkt. Tabelle 2 enthält Angaben zum Einfluß des Reckens auf die Umsetzung des wasserlöslichen Celluloseacetats mit dem Vernetzungsmittel und die Fähigkeit der vernetzten Filme zum Deuteriumaustausch. Man erkennt, daß die Orientierung den rascheren Ablauf der Reaktion begünstigt. Vergleicht man z. B. den Gehalt an gebundenem Formaldehyd in den vernetzten Filmen bei gleicher Dauer der Thermofixierung, so findet man in den orientierten Proben einen höheren Gehalt (0,69%) als in den vernetzten nichtorientierten (0,53%). Dabei erhöht sich der Gehalt an gebundenem Formaldehyd bereits innerhalb der ersten Minute des Thermofixierens.

Dieser Befund bestätigt die bereits geäußerte Ansicht, wonach die Orientierung der Filme zu einer Erhöhung der Menge an Hydroxylgruppen führt, die durch sehr schwache Wasserstoffbrücken verbunden und für die Umsetzung mit dem Vernetzungsmittel sowie den Deuteriumaustausch zugänglicher sind.

Aus den Angaben der Tabelle 2 geht ferner hervor, daß bei gleichem Gehalt an gebundenem Formaldehyd die Zugänglichkeit der vernetzten Filme für den Deuteriumaustausch um so geringer ist, je höher der Orientierungsgrad. Wahrscheinlich werden mit steigender Orientierung immer mehr Hydroxylgruppen zur Umsetzung mit dem Vernetzungsmittel befähigt. Infolge der Entstehung von Vernetzungen wird die Segmentbeweglichkeit der Makromoleküle herabgesetzt und die Hygroskopizität verringert.

Die mechanischen Eigenschaften der vernetzten und gereckten Filme wurden ebenfalls nach dem Kochen in Wasser bestimmt. Die Filme erleiden jedoch beim Kochen Formveränderungen, sie quellen in der zur Orientierungsachse senkrechten Richtung. Dieser Zustand wird beim anschließenden Trocknen auf Glas fixiert. Bild 6 zeigt die Deformationskurven des vernetzten Films in Quer- und Längsrichtung bei einem Reckgrad von 1,2 (Formaldehydgehalt 0,69%). Wie zu ersehen ist, bewirkt bereits ein geringfügiges Recken eine Erhöhung der Festigkeit der vernetzten Filme. Die Festigkeit steigt in der Längsrichtung von 8 auf 11 kp/mm² und in der Querrichtung bis auf 13 kp/mm². Vergleicht man diese Angaben mit denen für den orientierten, nichtvernetzten Film, so ist festzustellen, daß durch die Vernetzung die Festigkeit in Längsrichtung herabgesetzt, in Querrichtung jedoch erheblich erhöht wird (Bild 5).

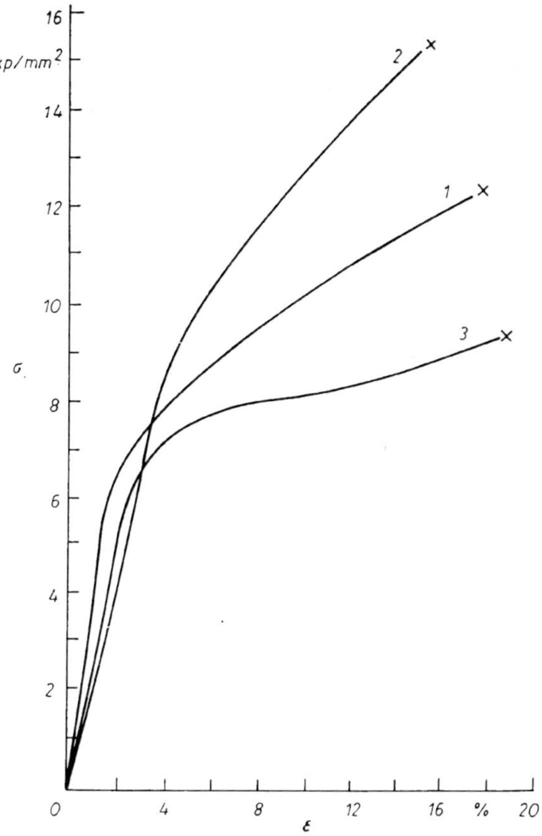

Bild 5. Deformationskurven des nichtorientierten Films (1) und des in Längs- (2) und Querrichtung (3) orientierten Films (Reckgrad 1,2)

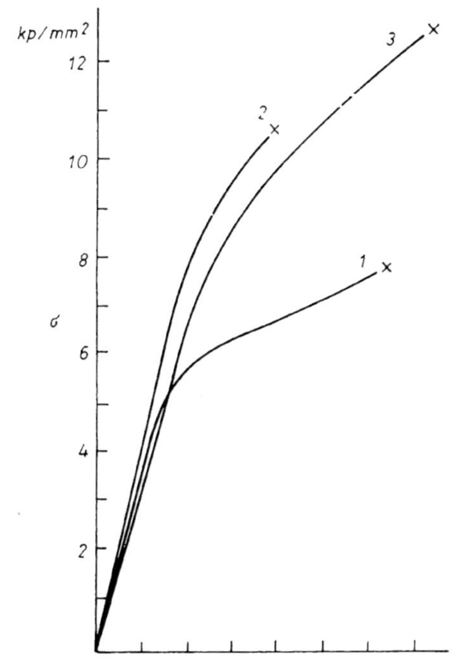

Bild 6. Deformationskurven des vernetzten Films mit 0,64% Formaldehyd (1) und des vernetzten und zuvor orientierten Films (Reckgrad 1,21) in Längsrichtung (2) und in Querrichtung (3)

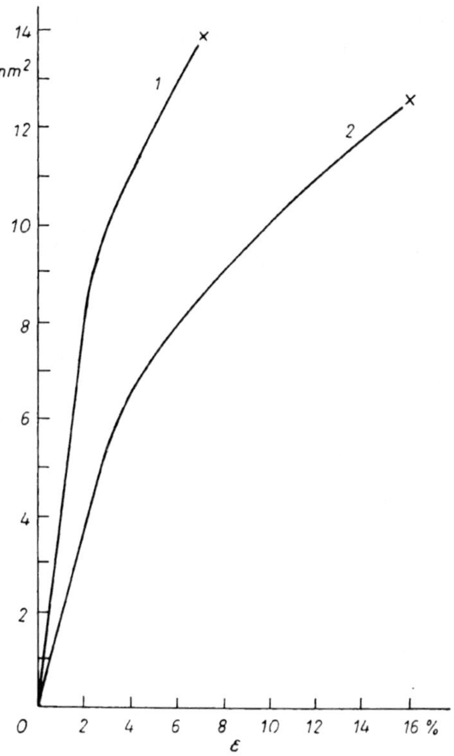

Bild 7. Deformationskurven des orientierten Films (Reckgrad 1,78) in Längs- (1) und in Querrichtung (2) (Formaldehydgehalt 0,69%)

Mit steigendem Reckgrad wird die Festigkeit der vernetzten Filme größer als bei den unvernetzten (Bild 7). Jedoch ist die Anisotropie der mechanischen Eigenschaften der vernetzten Filme größer als bei einem Recken um 20%. Zu erwähnen ist, daß die Festigkeit bei allen Reckgraden mit steigender Vernetzungsdichte allmählich abnimmt, genauso wie auch bei den nichtorientierten Filmen.

Zusammenfassung

1. Die Orientierung von Filmen aus wasserlöslicher Acetylcellulose kann durch mechanisches Recken in plastifizierenden Medien (z. B. in wäßrig-alkoholischen Lösungen) erfolgen.
2. Mittels IR-Spektroskopie im polarisierten Licht wird gezeigt, daß beim mechanischen Recken der Filme die Pyranoseringe in den Makromolekülen sich in Reckrichtung orientieren, die Acetylreste dagegen senkrecht dazu.
3. Der Orientierungseffekt kommt 1. in einer höheren Geschwindigkeit des Deuteriumaustausches der zugänglichen OH-Gruppen zum Ausdruck, und 2. in einer Verringerung des Gesamtaustausches mit steigendem Orientierungsgrad. Der erste Fall läßt sich wahrscheinlich mit einer verringerten Festigkeit der Wasserstoffbindungen zwischen den zugänglichen OH-Gruppen infolge sterischer Hinderungen (durch die sich senkrecht zur Reckachse orientierenden voluminösen Acetylgruppen) erklären. Im zweiten Fall ist eine Verringerung der Gesamtmenge an freien OH-Gruppen infolge der insgesamt höheren Ordnung des Systems zu verzeichnen.
4. Die Orientierung von Filmen aus wasserlöslicher Acetylcellulose mit eingeschlossenem Vernetzungsmittel und die anschließende chemische Vernetzung erhöht die Zugfestigkeit der Filme sowohl in Längs- als auch in Querrichtung im Vergleich zu vernetzten, jedoch nichtorientierten Filmen.

Literatur

[1] *Petropavlovskij, G. A., Vasil'eva, G. G.*, und *Rachmanberdiev, G.*: Umsetzung von Dimethylharnstoff mit wasserlöslichem Celluloseacetat. Ž. prikl. Chimii (Z. angew. Chemie) **42** (1969) 12, S. 2813–2819.
[2] *Petropavlovskij, G. A., Vasil'eva, G. G.*, und *Černova, Z. D.*: Eigenschaften von partiell substituierten und vernetzten Celluloseacetatfolien. Faserforsch. u. Textiltechnik/Z. Polymerforsch. **25** (1974) 2, S. 49–54.
[3] Methods in Carbohydrate Chemistry, III Cellulose. Ed. Roy L. Whistler, NY-L. 1963, S. 198.
[4] *Petropavlovskij, G. A., Krunčak, M. M.*, und *Vasil'eva, G. G.*: Ž. prikl. Chimii (Z. angew. Chemie) **40** (1967) S. 2209.
[5] *Petropavlovskij, G. A., Vasil'eva, G. G., Jakovenko, L. K.*, und *Cvetaeva, I. P.*: Kinetics and Mech. Polyreactions. Preprints Budapest **4** (1969) S. 195–199.
[6] *Petropavlovskij, G. A., Vasil'eva, G. G., Jur'eva, M. K., Krunčak, M. M., Kotel'nikova, N. E., Rachmanberdiev, G.*, und *Vasil'eva, O. D.*: Chemie und Technologie der Cellulosederivate. Vladimir 1971, S. 277–281.
[7] *Ermolenko, I. N.*: Spektroskopie in der Chemie oxydierter Cellulosen. Minsk 1959, S. 188.
[8] *Zbinden, R.*: Infrarotspektroskopie von Hochpolymeren. Moskva 1966, S. 18.
[9] *Kargin, V. A.*, und *Slonimskij, G. L.*: Kurzer Abriß der physikalischen Chemie der Polymeren. Moskva 1967, S. 178.
[10] *Petropavlovskij, G. A.*, und *Čerhova, Z. D.*: Ž. prikl. Chimii (Z. angew. Chemie) im Druck.
[11] *Žbankov, R. G.*: Infrarotspektrum der Cellulose und ihrer Derivate. Minsk 1964, S. 59.
[12] *Higgins, H. G.*: J. Polymer Sci. **28** (1958) 118, S. 645.
[13] *Willmschurst, J. K.*: J. Mol. Spectr. **1** (1959) S. 201.

Eingegangen am 22. April 1974

Probleme bei der Charakterisierung von Chemiefaserzellstoffen[1])

Erich Treiber

Schwedisches Holzforschungsinstitut, Stockholm

DK 677.463:677.021.122/.123:677.019.542:541.182.021

Verschiedene Fragen und Probleme der Chemiefaserzellstoffcharakterisierung werden eingehend diskutiert. Gründe für auftretende Verarbeitungsschwierigkeiten werden beleuchtet wie auch die Frage, wie weit rein analytische Daten das Prozeßverhalten beschreiben können. Es wird festgestellt, daß die Filterwertbestimmung immer noch große Aktualität besitzt und einige Fragen hierzu werden besprochen.

Проблемы, связанные с определением свойств целлюлозы для химической переработки

Подробно обсуждаются вопросы и проблемы охарактеризования вискозной целлюлозы, причем рассматриваются и причины наблюдаемых при переработке затрудений. Кроме того, обсуждается вопрос о возможностях прогнозирования перерабатываемости целлюлозы на основе чисто аналитических данных. Подчеркивается, что определение фильтруемости получаемых вискоз актуально и на современном этапе, причем рассматриваются некоторые связанные с этим вопросы.

Problems of the Characterization of Dissolving Pulps

Various problems of the characterization of dissolving pulp are discussed in detail. The causes of difficulties in processing and the question whether only analytical data are sufficient to describe the processability are examined. The filtration value is shown to be of high importance, some problems of this quantity are discussed.

1. Einleitung

Eine adäquate Zellstoffcharakterisierung ist sowohl für den Zellstofferzeuger wie auch Zellstoffverbraucher von sehr hohem Interesse, und es ist daher nicht verwunderlich, daß in allen Sparten große Anstrengungen gemacht werden, bestehende Methoden zu verbessern oder neue Methoden zu schaffen. Während auf manchen Gebieten, wie z. B. dem der Tissue-Papiere, eine solche Charakterisierung sich noch im Entwicklungsstadium befindet, hat man auf anderen Sektoren schon seit langem gewisse Charakterisierungsmethoden ausgearbeitet und diese mit mehr oder minder gutem Erfolg benutzt. Aus begreiflichen Gründen sind besonders für Viskose- und Acetatzellstoffe schon in den Anfängen der industriellen Herstellung Charakterisierungsmethoden ausgearbeitet worden, und die Zahl der verschiedenen Methoden hat sich im Laufe der Zeit stark vermehrt. So wurde von *Tollens* schon im Jahre 1900 eine Pentosanbestimmungsmethode ausgearbeitet; von ***Jentgen*** wurden bereits 1911 Angaben zur α-Cellulosebestimmung veröffentlicht, und im Jahre 1920 beschäftigte sich bereits eine Faserstoffanalysen-Kommission mit einer Standardisierung der verschiedenen vorgeschlagenen Ausführungsformen zur α-Bestimmung. Auch Methoden zur Trockengehaltsbestimmung, zur Ermittlung des Quellgrades und des Holzgummigehaltes fielen in den Arbeitsbereich der damaligen Kommission.

Es ist bekannt, daß eine Kenntnis der chemisch-analytischen Werte eines Chemiefaserzellstoffes nicht ausreicht, um das Verhalten desselben in den verschiedenen Verarbeitungsstufen bei der Viskose- oder Acetatherstellung voraussagen zu können. Daher ist verständlich, daß man schon frühzeitig nach betriebsnahen Methoden zur Beurteilung eines für Chemiefaserherstellung vorgesehenen Zellstoffes gesucht hat. Im Falle der Viskosezellstoffe erfolgte ein wesentlicher Fortschritt der betriebsimitierenden Zellstoffcharakterisierung, als *Hermans* und *Bredée* im Jahre 1935 die Viskosefiltration mathematisch durch das sog. Standardgesetz beschreiben und somit Kennwerte für die Filtrierbarkeit des Zellstoffs aufstellen konnten. Wenn auch der dadurch möglich gewordene Filtrierbarkeitstest rasch Eingang in die Kontroll-Laboratorien der Viskosezellstoff- wie auch Viskoseverarbeitungsbetriebe fand, so wurde erst 1940 diese betriebsnahe Prüfungsmethode in der Fa Chem Fa-Vorschrift Zst 1 genormt [1]. 1951 wurde vom Zellcheming-Fachausschuß eine Revision der Methode vorgenommen [2], und 1968 wurde vom Fachausschuß für Cellulose und Cellulosederivate eine Neufassung herausgegeben.

2. Gesichtspunkte zur Charakterisierung des Chemiefaserzellstoffs

Bevor wir uns näher mit speziellen Problemen der Charakterisierung der Chemiefaserzellstoffe auseinandersetzen wollen, seien folgende allgemeinen Gesichtspunkte vorangestellt. Der Chemiefaserzellstoff-Verbraucher stellt folgende drei Forderungen:

1. Der Zellstoff muß einfach und störungsfrei konvertierbar sein.
2. Der Zellstoff muß ein einwandfreies Endprodukt liefern.
3. Der Zellstoff muß ökonomisch sein.

Aus der Sicht dieser Forderungen sind folgende Mängel denkbar:

1. Der Zellstoff benimmt sich ungünstig:
   a) in einer oder einigen Prozeßstufen, z. B. in der Alkalisierung, Entlüftung oder Filtrierung;
   b) in bestimmten technischen Ausrüstungen. Ein Beispiel wäre hier das oft unterschiedliche Verhalten des Zellstoffblattes in der Tauchpreß- und Maischalkalisierung.
   c) Es ergeben sich Schwierigkeiten in der Schlußphase der Herstellung bestimmter Endprodukte — wie Düsenverstopfung —, bzw. die Gebrauchseigenschaften der Endprodukte entsprechen nicht voll den gestellten Forderungen.

Als Beispiel kann hier die bekannte Tatsache angeführt werden, daß im allgemeinen ein normaler, schwach veredelter Sulfitviskosezellstoff zur Herstellung von Super-Cordreyon ungeeignet ist. Es sei aber gleich hier darauf hingewiesen, daß sehr oft die Zusammenhänge zwischen Zellstoffeigenschaften und Gebrauchseigen-

[1]) Vorgetragen auf der Internationalen Arbeitstagung „Chemische und physikalische Methoden zur Charakterisierung von Zellstoff und von Cellulosederivaten" in Rostock am 27. Mai 1974.

schaften des Endproduktes äußerst komplex und vielfach noch ungenügend bekannt sind. Ganz allgemein gilt jedoch, daß die Zusammenhänge um so diffuser werden, je weiter weg eine Prozeßstufe von der Ausgangsstufe liegt.

2. Der Zellstoff ist unökonomisch:

   a) aus rein preislichen Gründen (z. B. Linters);

   b) weil der Zellstoff spezielle Maßnahmen benötigt, die die Verarbeitung verteuern, wie z. B. verlängerte Aktivierungszeit, größere Einsatzmenge an Chemikalien, mehr Filtermaterial und dergleichen, oder Umweltschutzmaßnahmen erschwert — z. B. durch höheren Hemicelluloseanfall.

Wenn wir auch hier, um den Rahmen nicht zu sprengen, von den tieferen Ursachen eventueller Verarbeitungsschwierigkeiten nicht sprechen wollen, so seien doch einige Gründe in Rubrikform nachstehend genannt. Wir können vier Hauptrubriken aufstellen:

1. Physikalische Faktoren, insbesondere der Blattzustand des Zellstoffs. Es sei hier als Beispiel an den großen Einfluß der physikalischen Blatteigenschaften, wie Blattformierung, Rillung usw. auf den Ablauf der Blattmercerisierung erinnert.
2. Morphologische Faktoren und Fasereigenschaften. Beispiele wären hier Zellwanddicke, Verdickungsleisten in den Gefäßen, Faserlängenverteilung, spezifische Begleitsubstanzen usw.
3. Chemische und physikalisch-chemische Einflußgrößen. Hierher sind auch Ungleichmäßigkeiten im Aufschluß, Bleichschäden, Verhornung usw. zu zählen.
4. Zu hoher Gehalt an Verunreinigungen (Aschengehalt, Schwermetallgehalt, Restligningehalt, Extraktgehalt und Hemigehalt).

Ein weiterer Punkt betrifft die Mikroheterogenität. In den üblichen Durchschnittsanalysenwerten können sich sehr wohl große Streuungen verbergen. Zum Beispiel gibt die Größe der Zellstoffviskosität keinen Aufschluß über den Anteil an lang- und kurzkettigem Cellulosematerial; der Restligningehalt sagt nichts aus, ob das Restlignin sich relativ gleichmäßig über eine größere Menge Fasern verteilt oder ob eine kleine Menge stark ligninhaltiger, d. h. also schlecht aufgeschlossener Fasern, anwesend ist usw. Obwohl eine derartige Mikroheterogenität gerade für die Viskosefiltrierbarkeit oft eine entscheidende Rolle spielt, so gibt es kaum Methoden zu deren Bestimmung, oder die Methoden — es sei hier z. B. an die Beobachtung der Einzelfaserquellungsbilder erinnert — sind zu arbeitsaufwendig und subjektiv.

Es wurde schon einleitend der Umstand erwähnt, daß wir neben den sog. analytischen Daten heute eine erhebliche Anzahl von Prüfmethoden besitzen, ohne daß wir deswegen behaupten dürfen, daß wir nun einwandfrei und exakt einen Chemiefaserzellstoff charakterisieren können. Da bei den heutigen Personalkosten jeder Test einen erheblichen Kostenbeitrag leistet, ist es selbstverständlich, daß man sich auf ein Minimum an Tests beschränken will. Eine gut eingetrimmte Produktionseinheit mit automatischer Kontrolle und/oder Steuerung wird auch mit wenigen Laborkontrollen, oft nur mit Stichproben, auskommen. Die Abnehmer, wie beispielsweise die Viskoseindustrie, werden im Normalfall weitestgehend von einer eigenen, laufenden Kontrolle der Rohstoffe absehen und legen somit eine höhere Verantwortung auf die Schultern der Zellstofflieferanten. Letztlich darf auch nicht übersehen werden, daß unter der Fülle sogenannter Zellstofftestverfahren es eine Reihe obskurer Methoden gibt, die weder eine wissenschaftliche Untermauerung besitzen noch eine einwandfreie Relevanz nachweisen können und neben Unkosten oft viel mehr Schaden als Nutzen stiften.

All diese Überlegungen drängen letztlich den Wunsch bzw. die Frage auf, ob im Idealfall eine einzige Kenngröße bzw. ein einziger Test das Verhalten des Zellstoffs hinreichend beschreiben kann.

Dazu ist festzustellen, daß es unmöglich ist, einen Zellstoff durch einen einzigen oder einige wenige Parameter oder durch eine Ziffernkombination verschiedener Kenngrößen zu charakterisieren.

Die Auswahl geeigneter Parameter setzt eine eingehende Kenntnis des Prozesses und der wechselweisen Beeinflussung von Prozeß- und Zellstoffdaten voraus. Erst dann wird es möglich sein, die meist relevanten Kenngrößen für eine bestimmte Applikation auszuwählen und eine rationelle Charakterisierung zu verwirklichen.

Jede Kenngröße soll eine individuelle Größe sein und daher so wenig als möglich von den anderen abhängen. So wäre z. B. die gleichzeitige Angabe von α-Gehalt und R_{18} ein unnötiger Mehraufwand.

Die auszuwählenden Zellstoff-Kenngrößen sollen zunächst Rücksicht auf die Anwendung nehmen, wobei eine stärkere Differenzierung nach dem herzustellenden Endprodukt oft recht angebracht ist. Statt beispielsweise nur von einer Eignung für den Viskoseprozeß generell zu sprechen, ist es meist vorteilhafter, die Eignung für Bulkprodukte, Modalfasern, Cordreyon, Zellglas und dergleichen zu spezifizieren.

Ferner sollen die Kenngrößen Aussagen zulassen über die Eignung des Zellstoffes für einen gegebenen Herstellungsprozeß sowie für die Möglichkeit, mit dem Zellstoff gewisse Gebrauchsnormen des Endproduktes zu erreichen. Da der Herstellungsprozeß sich meist in mehrere Stufen gliedert, sollte neben einer summativen Beurteilung auch noch eine speziellere Beurteilung hinzukommen, die Aufschlüsse über das Prozeßverhalten in einzelnen Prozeßstufen gibt. Unter dem Titel „Prozeßverhalten in den einzelnen Verarbeitungsstufen" interessiert die Wechselwirkung einzelner Zellstoffeigenschaften mit den jeweils aktuellen Prozeßvariablen, wobei oft noch der Typ der maschinellen Ausrüstung als weiterer Faktor hinzutritt. Gerade dieser komplexe Sachverhalt erfordert auf der anderen Seite oft eine Breite in der Testung, die man aus zeitlichen und ökonomischen Gründen, wie schon angedeutet, nicht verwirklichen kann. Man wird daher an Stelle einer solchen ausgedehnten Testung als Lieferant oft nur einen kundenspezifischen Test durchführen, der nur auf die Verhältnisse bei einem bestimmten Kunden zugeschnitten ist, oder der Verbraucher wird einen betriebsspezifischen Test durchführen, der auf ganz bestimmte Betriebsverhältnisse im Hause abgestimmt wird.

3. Spezielle Probleme bei der Viskosezellstoffcharakterisierung

Wir kommen nun spezieller auf Probleme bei der Viskosezellstoffcharakterisierung zurück. Die Anforderungen an Alkaliresistenz sowie zulässigem Gehalt an Begleitstoffen und anorganischen Verunreinigungen lassen sich leicht in Tabelle 1 zusammenfassen. Da man für Produkte mit höheren Qualitätsanforderungen Zellstoffe mit höherem Veredlungsgrad anwendet, gehen aus der Tabelle auch die gesteigerten Anforderungen an den Zellstoff für die Produktion solcher Fasern hervor. Tabelle 2 in Anlehnung an eine Tabelle von *Räsanen, Erva* und *Saaristo* weist auf engere Relationen zwischen einzelnen analytischen Daten und dem Zellstoffverhalten hin. Doch letzten Endes sagen diese Werte nur wenig über die Verarbeitbarkeit des Zellstoffs aus und müssen daher durch weitere Angaben ergänzt werden.

Da bekanntlich die Qualität der Alkalicellulose von ausschlaggebender Bedeutung für die Sulfidierung und somit für die Filtrierbarkeit der Viskose ist, sind jene Zellstoffeigenschaften, die auf die Alkalisierung einen Einfluß nehmen, von großem Interesse. Hierbei ist zwischen Blattauch- und Maischalkalisierung zu unterscheiden. Im Falle des Tauchpressenverfahrens nimmt die Blattstruktur Einfluß auf den Tauchprozeß. Die Quadratmetermasse soll etwa zwischen 650 und 850 g/m² und die scheinbare spez. Bogenmasse zwischen 0,6 und 0,8 g/cm³ liegen. Für eine gute Laugenpenetrierung sind scheinbare Dichtewerte $< 0{,}75$ erwünscht, doch steigt hierbei das Risiko des Schwimmens. Weiter darf die Quellung nicht zu hoch sein, und das Blatt muß genügende Standfestigkeit und (Quer-)Festigkeit (keine Rißbildung beim Abpressen) aufweisen. Es ist daher selbstverständlich, daß die Kenntnis der Schwimmneigung, der optimalen Füllgeschwindigkeit, der Blattdickenquellung usw. zusammen mit den physikalischen Kennzahlen des Zellstoffblattes von Wichtigkeit ist und daß diese Größen den Zellstoff hinsichtlich seines Tauchalkalisierverhaltens charakterisieren. Oft wird von den Zellstoff-Fabrikanten ein imitierender Alkalisiertest an Bögen im Normalformat in einer Tauchkammer, entsprechend einem Fach einer Tauchpresse, vorgenommen. Für die Maischalkalisierung ist die Aufschlagbarkeit des Zellstoffs eine Eigenschaft, die auf die Alkalicellulosequalität einen Einfluß nimmt, während die übrigen Kenngrößen, wie Drainageeigenschaft und damit im Zusammenhang Faserlängenverteilung und O-Fasergehalt, ferner Abpreßbarkeit, Breikonsistenz usw. mehr im Zusammenhang mit der Wirtschaftlichkeit des Zellstoffs für die Maischalkalisierung stehen. Da Alkalisierung, Abpressung, Zerfaserung und

Tabelle 2. Relationen zwischen Zellstoffverhalten und analytischen Daten

Ökonomische Gesichtspunkte	(α-Cellulose) R_{18} ($R_{21}/_5$)
Zellstoffeinflüsse auf die Viskoseherstellung	R_{18} Viskosität Extraktstoffgehalt Schwermetallgehalt Mineralaschengehalt Blatteigenschaften Trockengehalt (Reaktivität)
Zellstoffeinflüsse auf die Spinnbarkeit	Extraktgehalt Verunreinigungen { Asche, Sand, Schwermetalle, (Gelteilchen) }
Zellstoffeinflüsse auf das Endprodukt	Kurzkettengehalt (DP-Verteilung) (Verunreinigungen in der Spinnlösung) Weißgrad (Alkalicellulosefarbe)

In Anlehnung eine an Tabelle von *Räsenen* et. al.

Tabelle 1. Spezifikationen für Viskosezellstoffe, Viskosefasern und Zellglas
Chemiefaserzellstoffe: (Linters), Sulfitzellstoffe, vorhydrolysierte Sulfatzellstoffe

	Sulfitzellstoffe			Vorhydrolyse-Sulfatzellstoffe
	Silk N	Silk I	Silk II	
α-Cellulosegehalt %	89···90,5	90,5···92,5	92,5···94	96···97,5
R_{18} %	91···92,3	92,3···94,1	94,1···95,5	97···99
R_{10} %	85···88,5	87 ···90,5	88,1···92	95···98,2
Pentosangehalt %	1,5···4,5			0,6···2
Extraktgehalt %	0,12···0,3			0,01···0,1
Aschengehalt %	0,03···0,1			0,03···0,06
SiO_2 ppm	20···50			12···30
Fe ppm	3···9			2···5
Ca ppm	30···250			10···35
Mg ppm	< 30			< 18
Cu ppm	$\leqq 3$			$\leqq 1$
Mn ppm	0,2···0,9			0,1···0,2
Tappi-Viskosität cP	12···**<u>17···21,5</u>**···45			(10)···**<u>22</u>**···25
$\overline{DP}_w$	1000···**<u>1300···1500</u>**···2200			(900)···**<u>1500</u>**···1650
Helligkeit % *GE*	90···95,5			86···92,5

Reife am Anfang der Konvertierung stehen, ist es verständlich, daß eine Reihe eindeutiger Zusammenhänge zwischen Zellstoffeigenschaft und Prozeßverhalten bestehen, und es ist nicht verwunderlich, daß es hier noch eine Vielzahl von weiteren Methoden oder Testvorschlägen gibt, die zum Teil jedoch recht zweifelhafter Natur sind. Wir wollen natürlich von einer Aufzählung existierender Methoden oder Vorschläge hier absehen. Eine oft diskutierte Frage in diesem Zusammenhang ist die nach der Kettenlängenverteilung. Die interessante Teilfrage hierbei ist wohl die nach dem Kurzkettengehalt in der gereiften Alkalicellulose, eine Frage, die mit den klassischen Fraktionierungsverfahren nur unsicher zu beantworten ist. Wie weit die gesamte Kettenlängenverteilung einen wesentlichen Einfluß auf Verarbeitung und Produktqualität nimmt, ist z. Z. mit Sicherheit noch immer nicht beantwortbar. Die neue Methode der Gelfraktionierung gestattet hier, einen wesentlichen Schritt weiterzukommen. An geeigneten Gelen kann sogar eine Fraktionierung von Cellulose, direkt gelöst in Cadoxen, durchgeführt werden, die besonders im interessanten Kurzkettenbereich zu wichtigen Erkenntnissen führt (Bild 1).

Die Anzahl vorgeschlagener Testmethoden, um die Xanthogenierbarkeit des Cellulosematerials zu charakterisieren, wie Sulfidier- und Viskosierwiderstand, QS-Kurve (Stapeldiagramm), Xanthogenatabbau u. dgl., ist klein, und kaum eine der vorgeschlagenen Methoden hat Eingang in die technische Zellstofftestung gefunden.

Welche Wünsche sind eigentlich offen, wenn wir die mehr analytisch betonten Testmethoden zunächst betrachten?

Zusammenfassend darf man vielleicht antworten, daß der differenzierten Analytik der Fremdstoffe mehr Augenmerk zu schenken ist. An Stelle des prozentualen Aschengehaltes sollte die Menge der verschiedenen Aschekomponenten sowie die Größenhäufigkeitverteilung unlöslicher Mineralteilchen angegeben werden. Die Bestimmung der hier aktuellen kleinen Restligninmengen ist überhaupt ein weitgehend ungelöstes Problem. Bei der Extraktstoffbestimmung ist der Chlorierungsgrad als wichtige Größe anzugeben, und — sofern praktisch möglich — wäre es erwünscht, das

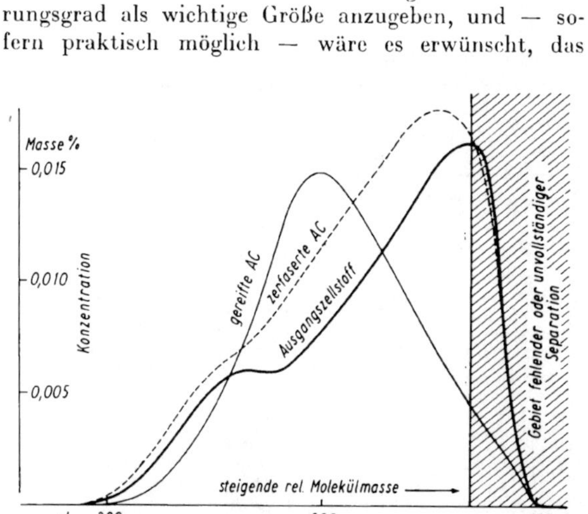

Bild 1. Beispiel einer Fraktionierung von Ausgangszellstoff und Alkalicellulosen

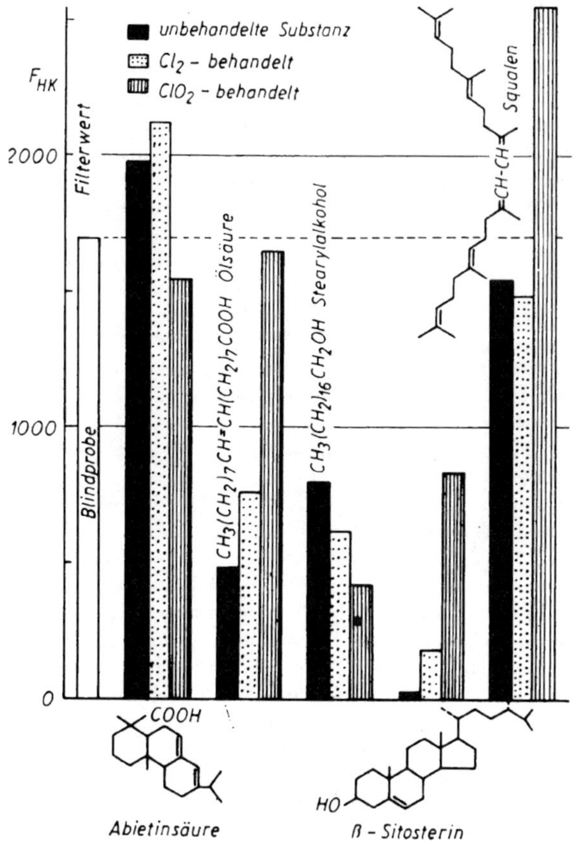

Bild 2. Einfluß einzelner Modellsubstanzen auf die Filtrierbarkeit

„Harz" näher zu charakterisieren. Welchen Einfluß einzelne Komponenten auf die Filtrierbarkeit ausüben können, zeigt Bild 2.

4. *Prüfviskosen*

Den besten Einblick in die Konvertierbarkeit des Zellstoffs liefert immer noch die Viskosebereitung unter betriebsähnlichen Bedingungen und die Untersuchung der Prüfviskose hinsichtlich Filtrierbarkeit, eventuell ergänzt durch Messung der Trübung und des Partikelgehaltes. In besonderen Fällen kann noch das Schäumen studiert werden, während andere Untersuchungsmethoden, die sich mehr auf die Spinnbarkeit beziehen sollten, entweder fehlen, zweifelhafter Natur oder sehr kostspielig sind. Vielleicht schafft hier die finnische Anordnung IN-100 einen Wandel.

Eine kürzlich abgehaltene Rundfrage hat eindeutig ergeben, daß keine z. Z. existierende Charakterisierungsmethode des Zellstoffs die an und für sich teure Viskosebereitung im Laboratorium und Testung auf Reinheit durch Filtrations- und Partikelgehaltsbestimmung ersetzen kann. Quellungs- und Auflösungstests haben nicht völlig befriedigt.

Im Gegenteil, die Bedeutung der Filterwertsbestimmung hat zugenommen. Dazu ist allerdings zu sagen, daß dieses Interesse weniger die Routineanalyse des Zellstoffs als vielmehr die Beurteilung des Lösungszustands der Viskose bei Änderung verschiedener Rohstoff- oder Prozeßparameter betrifft. Die bedeutenden Verbesserungen in der Gleichmäßigkeit des Zellstoffs haben bekanntlich dazu geführt, daß Filterwertsbestimmung zur Zellstoffkontrolle, d. h. also zur Überwachung eingehender Zellstoffsendungen, in der Viskoseindustrie schon seit Jahren kaum mehr vorkommen. Hingegen spielt der Test für Entwicklungsarbeiten und Optimierungsversuche auch in der Viskoseindustrie eine wichtige Rolle.

Die Mannigfaltigkeit, die wir heute bei den Viskosezellstoffen im Hinblick auf Faserrohstoff, Aufschlußart, Veredlungsart und -grad vorfinden oder in der maschinellen Ausrüstung in der Viskoseindustrie und/oder in den Endprodukten, zwingt zu eingehenden Kartierungen. Das Bestreben der Zellstoffhersteller, ihr Sortiment stark zu vereinfachen und zu rationalisieren, wirkt sich hierbei nur wenig aus. Einschaltend sei an dieser Stelle noch der Wunsch der Zellstoffhersteller nach einem einzigen Standardformat (z. B. 60 cm × 80 cm) vermerkt.

Probleme der Zellstoffhersteller sind heute, hochreaktive Zellstoffe in guter Ausbeute nach Prozeßverfahren, die tolerierbare Umweltbelastungen ergeben, rationell aus zugänglichem und billigem Holz herstellen zu können. Übergang zu löslichen Basen mit Chemikalienrückgewinnung — soweit es sich um Sulfitaufschlüsse handelt —, Anwendung schnellwüchsiger subtropischer Holzarten, Versuche, mit Sauerstoff zu bleichen, usw. liegen in Linie, mit dem vorher Gesagten. Die Viskosehersteller wünschen heute billige Zellstoffe mit weiter verbesserter Filtrierbarkeit, so daß Filtrationsarbeit und -kosten sich weiter reduzieren lassen und die verbesserte Spinnbarkeit und Düsenlaufzeiten garantieren und all dies, wenn möglich, unter Sparviskosebedingungen. Es sei jedoch angemerkt, daß das Interesse an Zellstoffen mit sehr niederem α-Gehalt — wie übrigens auch an solchen mit extrem hoher Veredlung —, an extremen Sparviskosebedingungen u. dgl. merklich nachgelassen hat, da Einsparungen an der einen Seite oft zu Mehrausgaben auf der anderen Seite, eventuell auch auf dem Umweltschutzsektor, führten.

4.1. *Filterwertbestimmung*

Fragen der Korrektur und Auswertung von Filterwertsbestimmungen sind teils durch unsere Veröffentlichungen, teils durch den Zugang an billigen Minidatoren sowie die Arbeiten des Zellcheming-Fachausschusses nun zufriedenstellend gelöst. Auch wenn man sich an einigen Stellen wieder mehr für Filtrationsmessungen bei konstantem Durchsatz interessiert, so ist das Meßverfahren bei konstantem Druck akzeptiert und hinsichtlich der Ausführung hinreichend ausgearbeitet. Das einzige große Problem ist die Wahl des geeigneten Filtermaterials.

Da die Filterwertsbestimmung heute kaum auf Ermittlung eines Normwertes hinausläuft, ist eine Standardisierung der Herstellung der Prüfviskose keine zwingende Notwendigkeit. Wegen der hohen Kapitalinvestierung hat auch früher nie eine einheitliche Apparatur existiert. Ein sog. Merkblatt wird heute eher durch ein Arbeitsblatt zu ersetzen sein, das Hinweise vor allem auf Fehlerquellen bringen soll, welche die Reproduzierbarkeit in der Herstellung der Prüfviskose herabsetzen. Falls nicht besondere Gründe zu Abweichungen zwingen, können gewisse Parameter einheitlich eingehalten werden. Bereits im Jahre 1958 wurden in Skandinavien auf Grund eines Vergleiches von Testbedingungen, die sich bei der skandinavischen Chemiefaserzellstoffindustrie bzw. bei den Viskoseindustrien als deren Kunden eingebürgert hatten, Empfehlungen aufgestellt, die auch heute noch vielfach Gültigkeit haben [3].

Aufgabe der Normenausschüsse wird es sein, in intensiver Zusammenarbeit zwischen Zellstoffhersteller und Verbraucher sowie durch Fachdiskussionen über die nationalen Grenzen hinaus zu Empfehlungen für die Zellstoffcharakterisierung zu kommen, die relevant, reproduzierbar, aussagekräftig, ökonomisch und dadurch praktisch realisierbar sind.

Zusammenfassung

Nach einem kurzen historischen Überblick werden allgemeine Fragen der betriebsimitierenden Zellstoffcharakterisierung diskutiert. Hierbei werden vor allem die Gesichtspunkte der Chemiefaserzellstoff-Verbraucher in den Vordergrund gestellt. Weiter werden Gründe für auftretende Verarbeitungsschwierigkeiten beleuchtet und die Frage angeschnitten, wie weit rein analytische Daten hier eine Aussage zulassen. Da Testverfahren Geld kosten, wird die Zellstofftestung auch vom ökonomischen Gesichtswinkel aus diskutiert gleich wie die Frage, ob die Aufstellung eines Universaltests zur Charakterisierung eines Chemiefaserzellstoffs möglich ist.

Im zweiten Teil wird das Prozeßverhalten aus der Sicht der Zellstoffanalytik eingehender berührt und einige Erfahrungswerte werden mitgeteilt. Besonderes Gewicht wird auf die Bedeutung der Zellstoffeigenschaften für die Zellstoffalkalisierung gelegt, und in diesem Zusammenhang wird die Brauchbarkeit der neuen Gelchromatographie an einem Beispiel (DP-Verteilungskurven abgebauter Alkalicellulosen) gezeigt.

Abschließend werden Fragen der Filterwertbestimmung, zum Teil betrachtet von neuen Gesichtswinkeln, behandelt.

Literatur

[1] Vgl. *A. Zart:* Kunstseide und Stapelfasern. Darmstadt: Dietrich Steinkopf 1950.
[2] Zellcheming-Merkblatt III/6.
[3] Siehe: Mitteilung der skandinavischen Holzforschungsinstitute: Comparative investigations on the filterability of viscose. Norsk Skogind. **12** (1958) S. 241—247.

Eingegangen am 27. Mai 1974

Schrumpfverhalten von Polypropylenfäden verschiedener relativer Molekülmassen

Gábor Druzsbaczky

Magyar Viscosagyár, Nyergesujfalu, Ungarn, und

Géza Bodor

Forschungsinstitut für Plasteindustrie, Budapest, Ungarn

DK 677.494.742.3:677.014.86/.87:541.24:677.019.252:677.818

An Polypropylenfasern unterschiedlicher rel. Molekülmassen und -verteilungen wurden die Auswirkungen der Hitzebehandlung untersucht. Beobachtet wurden der Schrumpf und die Strukturänderungen der Fasern. Die Orientierung der Moleküle wurde in den amorphen und kristallinen Phasen getrennt bestimmt und die Änderung des Orientierungsgrades verfolgt.

Усадочные свойства волокон из полипропилена с различным молекулярным весом

Изучено наблюдаемое в результате термической обработки изменение усадки и структуры волокон из полипропилена с различным молекулярным весом и МВР. Определена ориентация макромолекул отдельно для аморфных и кристаллических областей, а также изменение степени ориентации.

Shrinking Behaviour of Polypropylene Fibres of Different Molecular Weight

The effects of thermal treatment of polypropylene fibres having different molecular weight have been investigated. The shrinking and structural changes of the fibres were examined. The change of the degree of molecular orientation in the amorpheous and crystalline regions was determined.

1. *Einleitung*

Es ist wohl bekannt, daß die durch Recken orientierten Polymeren beim Tempern ohne Belastung schrumpfen. Im Falle der Faserstoffe ist diese Erscheinung von besonderer Bedeutung, da sie einerseits die Form- und Maßänderungen von Textilien verursacht, anderseits aber gezielte besondere Effekte ermöglicht.

Die bei dem Tempern von gereckten Fasern ablaufenden Struktur- und Längenänderungen wurden deshalb von mehreren Autoren untersucht, um den Mechanismus des Schrumpfens zu erklären.

Ribnick hat den zeitlichen Verlauf des Schrumpfens und dessen Abhängigkeit von der Belastung an Polyamid 6,6 [1] bzw. Polyester-Fäden [2] untersucht. Er hat festgestellt, daß der größte Teil des Schrumpfens in beiden Fällen innerhalb äußerst kurzer Zeit abläuft, worauf dann eine sehr langsame Längenänderung mit ständig sinkender Geschwindigkeit folgt. Den Zusammenhang zwischen der Schrumpfgeschwindigkeit und der Temperatur bzw. der Belastung beschreibt er mittels einer Gleichung, die in ihrer Form der Gleichung sehr ähnlich ist, die zur Beschreibung der Geschwindigkeit des Kristallwachstums mit Kettenfaltung dient. Auf Grund dieser Ähnlichkeit kommt er zu dem Schluß, daß die Vorstellung von *Dismore* und *Statton* [16] richtig sei, daß der Schrumpf im Grunde genommen ein Rekristallisationsprozeß ist, in dem die ausgedehnten Moleküle in gefaltete Konformation übergehen.

Der Schrumpf erreicht auch beim Polypropylen seinen Höchstwert in sehr kurzer Zeit [5]. *Bosley* [3] erklärt die thermodynamischen Gründe des Schrumpfens mittels der Theorie der Kautschukelastizität

$$f = (\partial E/\partial l)_T - T\,(\partial S/\partial l)_T,$$

wo

f die Schrumpfkraft,
E die innere Energie,
T die Temperatur,
S die Entropie und
l die Länge der Probe darstellen.

Im Falle frei rotierender Segmente ist die Energieveränderung in Verbindung mit den Längenänderungen der Moleküle zu vernachlässigen, so daß $(\partial E/\partial l)_T = 0$ angenommen werden kann.

Im Laufe des Reckvorganges wird die Entropie durch die Einwirkung der äußeren Kräfte verringert, und es wird eine Kraft aufgebaut, die den Rücklauf der Änderungen fordert. Wenn die Temperatur des gereckten Polymeren über die Glasumwandlungstemperatur erhöht wird, ermöglicht die freie Rotation, daß die gedehnten Moleküle ihre höchstwahrscheinliche Konformation gleichzeitig aufnehmen, d. h. unter gleichzeitiger Zunahme ihrer Entropie ihre Ausdehnung verringern.

Schultze-Gebhard und *Müller* [4] haben den Schrumpf von Polyamid-6-Fäden untersucht. Sie erklärten den Mechanismus des Schrumpfes durch die Knäuelung der gedehnten Molekülsegmente, die die Kristalliten miteinander verbinden. Die Erhöhung des Schrumpfes mit der Temperatur wird ähnlich zu *Bosleys* Vorstellung [3] dadurch erklärt, daß bei höheren Temperaturen immer weitere Teile unterschiedlich instabiler parakristalliner Bereiche schmelzen und so immer neue ausgedehnte Segmente zum Knäueln frei werden. Die größten und vollkommensten Kristallite schmelzen sogar in der Nähe des Schmelzpunktes nicht. Sie bilden die Keime der Kristalisation während des Schrumpfens.

Die Strukturänderungen von gereckten Polypropylen-Folien wurden von *Balta-Calleja* und *Peterlin* [5] röntgenographisch im Kleinwinkel- und Weitwinkelbereich studiert. Sie erklären den Ablauf des Schrumpfvorganges durch die Relaxation der gespannten „Binde-Moleküle" (tie-molecules) unter den kristallinen Lamellen.

Die oben erwähnten Autoren haben ihre Untersuchungen entweder an einer Probe oder an unterschiedlich gereckten Proben eines Ausgangsmaterials unter verschiedenen Temperatur- bzw. Belastungsbedingungen durchgeführt. Unsere Studien befassen sich mit dem Schrumpfverhalten und den Strukturänderungen von Polypropylen-Fäden verschiedener rel. Molekülmassen bzw. deren Verteilungen.

2. *Versuchsmethoden*

2.1. Herstellung der Fäden

Die Fäden wurden mit Hilfe einer Extruderspinnanlage mit Schneckenabmessungen $D = 20$ mm, $L/D = 21$ bei einer Düsentemperatur von 255 °C hergestellt. Die Aufwickelgeschwindigkeit betrug 360 m/min, die Feinheit der ungereckten Fäden 150 dtex. Das Recken wurde an einer Reckzwirnmaschine mit einer Geschwindigkeit von 200 m/min und einem Reckverhältnis von 1:2,5 durchgeführt.

Faserforschung und Textiltechnik 25 (1974) Heft 9
Zeitschrift für Polymerforschung

Zur Fadenherstellung wurden acht kommerzielle Polypropylen-Polymere verschiedener Herkunft gesponnen. Bei einer konstanten Düsentemperatur von 255 °C wurden von den acht Polypropylen-Polymeren durch Veränderung der Extrudertemperaturen 11 Fäden gesponnen, die verschiedene rel. Molekularmassen und -Verteilungen besaßen.

2.2. Bestimmung der Verteilung und des Durchschnitts der rel. Molekülmassen

Die Verteilung der rel. Molekülmassen und das M_w wurden in einem GPC-Gerät von Waters Associates „GPC Model 200" unter Anwendung von 1,2,4-Trichlorbenzol als Lösungsmittel bei einer Konzentration von 0,25% und einer Temperatur von 135 °C bestimmt. Die Bestimmung wurde an den ungereckten Fäden vorgenommen.

2.3. Bestimmung des Schrumpfes

Der Schrumpf wurde an Strängen der gereckten Fäden ermittelt.

Die einzelnen Längen wurden mit einer Belastung von 0,5 p/tex bestimmt. Die Hitzebehandlung wurde ohne Belastung in Luft bei 130 °C 10 min lang durchgeführt. Der Schrumpf wurde nach folgender Formel berechnet:

$$S = \frac{l_0 - l}{l_0} \cdot 100\%.$$

Hierbei ist

l_0 = die Länge vor dem Tempern,
l = die Länge nach dem Tempern.

2.4. Bestimmung der Dichte und Kristallinität

Die Dichte der Fäden wurde in Tetrachlorkohlenstoff/Toluol-Gemisch bei 25 °C nach der Schwebemethode bestimmt. Die Kristallinität wurde unter Annahme von

$$\varrho_{kr} = 0{,}937 \quad \text{und} \quad \varrho_{am} = 0{,}854$$

[6] berechnet.

2.5. Bestimmung der Doppelbrechung

Die Doppelbrechung wurde an einem Polarisationsmikroskop unter Anwendung eines Kippkompensators Typ K von Leitz ermittelt. Erst wurde die Doppelbrechung der gereckten Fäden bestimmt, dann das Mikroskoppräparat getempert, und die Doppelbrechung der getemperten Fäden an denselben Proben bestimmt.

2.6. Röntgenographische Untersuchungen

Die röntgenographischen Untersuchungen der Fäden wurden mittels N-gefilterten CuKα-Strahlen im Weitwinkelbereich vorgenommen. Die Intensitätsverteilung wurde mit GM-Rohr einerseits am Äquator, andererseits azimutal an den (110)- bzw. (040)-Reflexen ermittelt. Die Fäden wurden an einem Probenhalter aufgewickelt, der es ermöglichte, nach der ersten Aufnahme die Fäden ohne Belastung zu tempern, dann dieselben Fäden wieder zu untersuchen.

2.7. Bestimmung der Orientationsfaktoren

Die *Hermans*schen Orientierungsfaktoren [7] der Kristallite ($f_c \equiv 3/2 \overline{\cos^2 \sigma} - 1/2$) wurden nach *Wilchinsky* [8] nach folgender Formel berechnet:

$$\overline{\cos^2 \sigma} = 1 - 0{,}901\, \overline{\cos^2 \Phi_{040}} - 1{,}099\, \overline{\cos^2 \Phi_{110}}.$$

Hierbei sind einzelne $\overline{\cos^2 \Phi_{hk0}}$-Werte aus der Auswertung der azimutalen Intensitätsverteilungen der Reflexe zu bekommen. Bei allen Proben, bei denen die (110)- bzw. die (040)-Reflexe nicht klar voneinander getrennt erschienen, wurde nach *Marosoff* und *Peterlin* [9] die folgende Formel angewendet:

$$\overline{\cos^2 \sigma} = 1 - 2\, \overline{\cos^2 \Phi_{110}}.$$

Es ist zu bemerken, daß bei Proben, deren Reflexe auch getrennt zu ermitteln waren, die beiden Berechnungsverfahren eine Abweichung von höchstens 1 bis 3% ergaben.

Die Orientierungsfaktoren der amorphen Bereiche wurden nach der Methode von *Samuels* [10] unter Annahme von $\Delta_c^0 = 29{,}1 \times 10^{-3}$ und $\Delta_{am}^0 = 60{,}0 \times 10^{-3}$ [11] berechnet:

$$\Delta_T = \beta \Delta_c^0 \cdot f_c + (1 - \beta)\, \Delta_{am}^0 \cdot f_{am},$$

wobei

Δ_T = die gemessene Doppelbrechung der Proben,
β = der kristalline Anteil der Faser,
Δ_c^0 bzw. Δ_{am}^0 = die bei der vollkommenen Orientierung der einzelnen Phasen ermittelbaren sog. „inneren Doppelbrechungswerte",
f_c bzw. f_{am} = die *Hermans*sche Orientierungsfaktoren der einzelnen Phasen darstellen.

3. Ergebnisse und Diskussion

Die Ergebnisse wurden in der Tabelle 1 zusammengefaßt.

Bild 1 zeigt das Schrumpfverhalten von Fäden verschiedener rel. Molekülmassen. Es ist ersichtlich, daß mit der Erhöhung der durchschnittlichen rel. Molekülmasse der Schrumpf größer wird.

Bild 2 gibt die Wahrscheinlichkeitsdichte (relative Häufigkeit) der Verteilungen der rel. Molekülmassen der einzelnen Fäden an. Es ist zu bemerken, daß die

Tabelle 1. Ergebnisse

Nr.	M_w $\times 10^{-5}$	M_{95} $\times 10^{-5}$	Schrumpf %	Kristallinität % vor Tempern	Kristallinität % nach Tempern	Doppelbr. $\times 10^3$ vor Tempern	Doppelbr. $\times 10^3$ nach Tempern	f_c vor Tempern	f_c nach Tempern	f_{am} vor Tempern	f_{am} nach Tempern
1	1,11	2,25	14,43	49,41	64,79	32,08	31,97	0,8956	0,9318	0,6326	0,6817
2	1,23	2,90	14,55	51,34	65,72	30,18	30,43	0,9124	0,9298	0,5668	0,6149
3	1,30	2,95	15,04	51,94	68,53	29,62	30,37	0,9214	0,9112	0,5442	0,6460
4	1,47	3,40	15,98	50,86	65,85	30,75	30,36	0,9280	0,9229	0,5771	0,6185
5	1,62	3,70	16,30	51,34	66,19	29,07	29,42	0,9100	0,9369	0,5300	0,5606
6	1,65	3,80	17,23	51,22	64,91	30,41	29,59	0,9322	0,9169	0,5642	0,5828
7	2,06	4,60	18,70	54,34	67,13	30,15	30,19	0,9127	0,8610	0,5734	0,6779
8	2,28	5,20	23,43	60,77	69,69	27,91	28,44	0,8923	0,8190	0,5153	0,6505
9	2,54	5,90	24,51	60,07	69,58	26,63	26,90	0,9121	0,8551	0,4460	0,5252
10	3,01	6,80	30,36	62,20	69,46	25,49	26,51	0,8913	0,8545	0,4125	0,5041
11	3,40	7,90	32,82	63,84	68,99	25,79	26,88	0,8890	0,8115	0,4274	0,5690

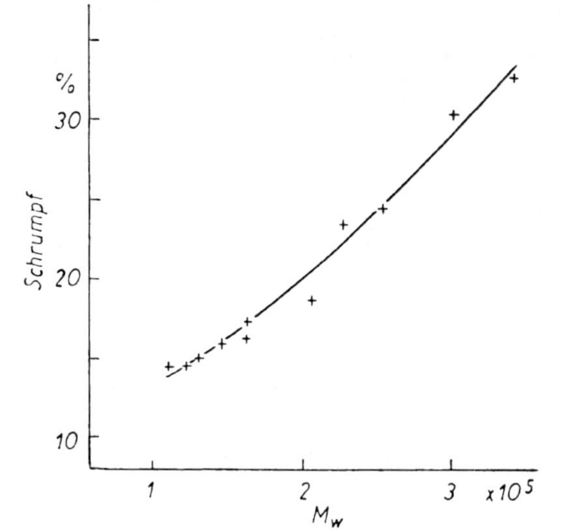

Bild 1. Zusammenhang zwischen dem Schrumpf und der durchschnittlichen rel. Molekülmasse der Polypropylenfäden

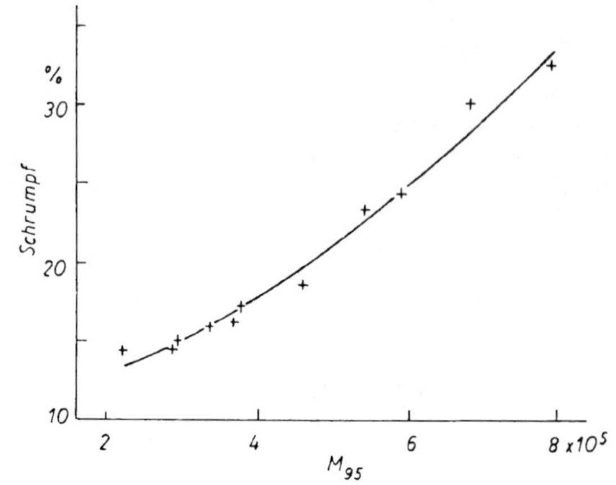

Bild 4. Zusammenhang zwischen Schrumpf und M_{95}-Wert der Polypropylenfäden

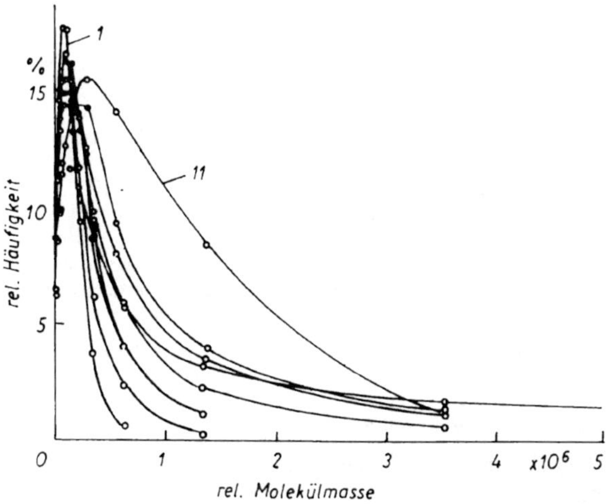

Bild 2. Verteilung der rel. Molekülmassen der Polypropylenfäden

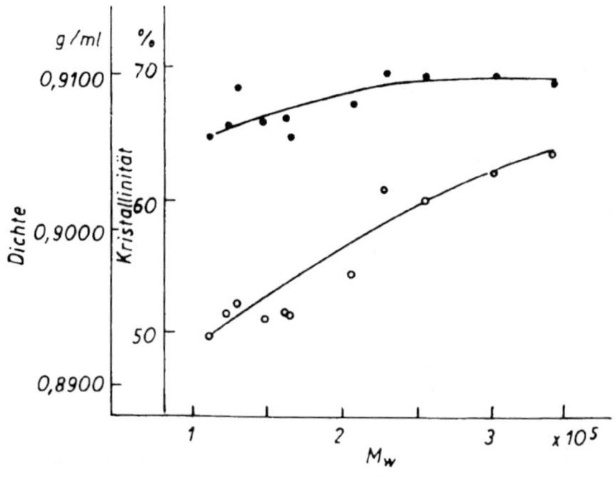

Bild 5. Dichte und Kristallinität der Polypropylenfäden
— ○ — vor dem Tempern —●— nach dem Tempern

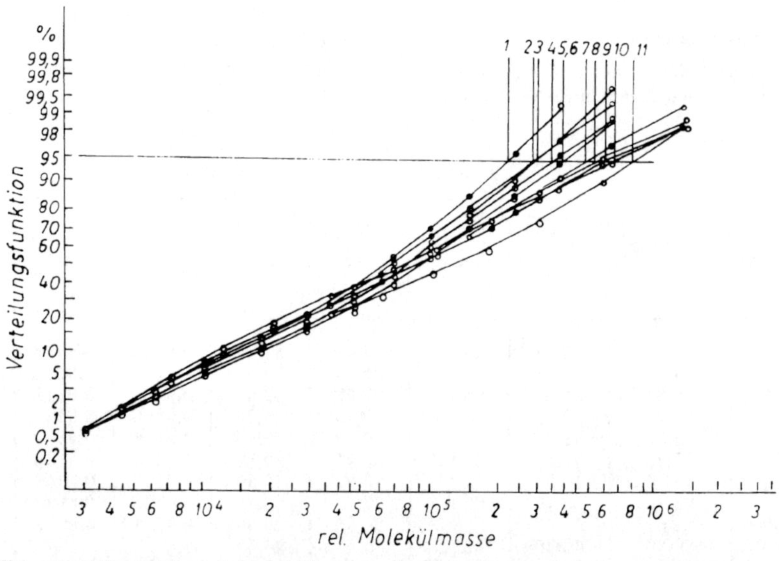

Bild 3. Verteilungsfunktionen der rel. Molekülmassen der Polypropylenfäden, nach *Weßlau* [12] aufgetragen

Modalwerte der Verteilungen fast alle übereinander liegen, deshalb liegt die Ursache für die unterschiedlichen Durchschnitte an dem unterschiedlichen Gehalt an längeren Molekülen. *Weßlau* [12] hat eine Methode entwickelt, nach der er die Verteilungskurven von Polyäthylen im Falle entsprechender Verteilungsfunktionen linear auftragen konnte.

In Bild 3 wurden unsere Ergebnisse in dem Koordinatesystem von *Weßlau* dargestellt. An deren Abszisse wurde die rel. Molekülmasse an der Ordinate die Verteilungsfunktion aufgetragen. Unsere Verteilungsfunktionen geben keine Geraden. Die Kurven liegen bis zu einer rel. Molekülmasse von etwa 50000 in einem engen Bereich, bei höheren rel. Molekülmassen aber trennen sie sich. Wird bei einem Wert der Verteilungsfunktion von 95% eine waagerechte Gerade gezogen, so trifft sie die einzelnen Kurven in einer Reihenfolge, die der der Schrumpfwerte der einzelnen Polymere entspricht. Trägt man nun die Schrumpfwerte in Abhängigkeit von der durch diese Gerade ausgeschnittenen rel. Molekülmassen M_{95} auf (Bild 4), so bekommt man eine ähnliche steigende Kurve, wie in Bild 1. Aus dieser Beobachtung schließen wir, daß zwischen dem Schrumpf der Fäden und deren Anteil an langkettigen Molekülen ein enger Zusammenhang besteht.

Die Dichte und die Kristallinität der Fäden werden in Bild 5 gezeigt. Die Fäden mit höheren rel. Molekülmassen weisen auch eine höhere Kristallinität auf. Von der Linienverbreitung der Röntgenaufnahmen einiger Fäden wurde auch die durchschnittliche Kristallitgröße bestimmt. Bei den Proben mit geringeren rel. Molekülmassen war diese Bestimmung wegen der zusammenfallenden Äquatorlinien nicht möglich. Diese Tatsache und die bei den höheren rel. Molekülmassen ausgeführten Auswertungen deuten darauf hin, daß bei Erhöhung der rel. Molekülmasse sich auch die Kristallitgröße erhöht. Nach dem Tempern wird die Kristallinität der Proben in jedem Fall höher. Die Zunahme ist bei den weniger kristallinen Proben mit geringeren rel. Molekülmassen größer. Die Kristallitgröße nimmt während des Temperns ebenfalls zu.

Die beim Tempern beobachteten Änderungen stimmen mit den von *Balta-Calleja* und *Peterlin* [5] beschriebenen Ergebnissen überein.

Im Falle von PA-6-Fäden wird ebenfalls über die Zunahme der Kristallitgröße [4] und bei PÄT-Fäden über die Kristallinität [13] berichtet.

In Bild 6 sind die Doppelbrechungswerte aufgetragen. Es ist erstaunlich, daß die Werte vor dem Tempern bei den Fäden mit höherem Schrumpf kleiner sind als die bei den Fäden mit niedrigerem Schrumpf. Die Meßergebnisse in Bild 6 wurden als erste Näherung mittels den Ausgleichsgeraden beschrieben. Die berechneten Ergebnisse zeigen, daß sich die Doppelbrechung während des Temperns nur gering ändert. Jedenfalls kann festgestellt werden, daß eine Abnahme der Doppelbrechung durch das Tempern nicht charakteristisch ist, d. h., eine allgemeine Desorientierung der Moleküle findet nicht statt. Beim Tempern von PA-6-Fäden haben *Schultze-Gebhardt* und *Müller* [4] festgestellt, daß die Doppelbrechung und die Orientierung der Kristallite sogar bei erheblichen Schrumpfwerten nur geringfügig abnehmen.

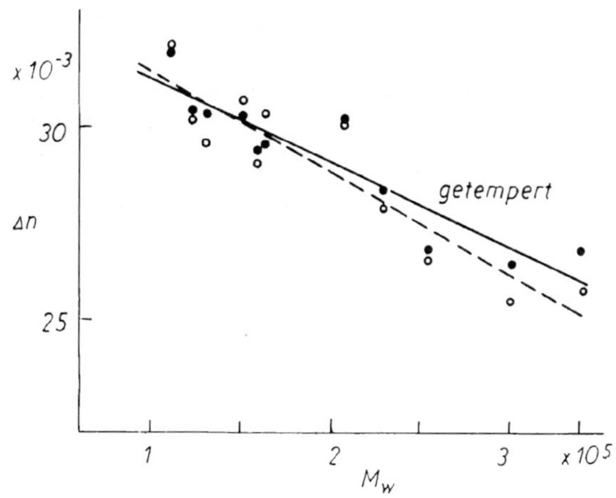

Bild 6. Doppelbrechung der Polypropylenfäden
— ○ — vor dem Tempern —●— nach dem Tempern

Die Orientierungsfaktoren der kristallinen bzw. amorphen Bereiche sind in Bild 7 dargestellt. Die Meßergebnisse wurden auch in diesem Fall durch die Ausgleichsgeraden ausgeglichen. Bei den ungetemperten Proben ist festzustellen, daß die Orientierungsfaktoren beider Bereiche mit der Erhöhung der rel. Molekülmasse und somit des Schrumpfes abnehmen. Durch das Tempern wird die Orientierung der Kristallite verringert, wie mehrere Autoren berichteten [5, 9].

Der Orientierungsfaktor der amorphen Bereiche hat sich in jedem Fall erhöht.

4. *Schlußfolgerungen*

Unsere Ergebnisse gaben eine Unterstützung für die von *Balta-Calleja* und *Peterlin* [5] erörterten Theorien des Schrumpfvorganges bei Polypropylenfasern. Sie erklären den Schrumpf gereckter PP-Fasern durch die Relaxation der Bindemoleküle, die einerseits die Fi-

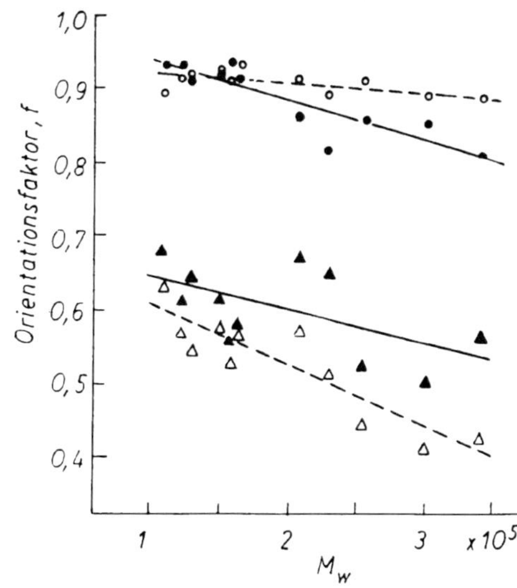

Bild 7. Orientierungsfaktoren der kristallinen bzw. amorphen Bereiche
—○— f_c: vor dem Tempern
—●— f_c: nach dem Tempern
— △ — f_{am}: vor dem Tempern
— ▲ — f_{am}: nach dem Tempern

brillen untereinander, andererseits die Kristallitlamellen innerhalb der Fibrillen miteinander verbinden. Die Erhöhung der Anzahl solcher Moleküle erhöht die Kräfte die den Materialtransport gegen die Kohäsionskräfte bewirken. Ein Weg für die Erhöhung des Schrumpfens einer Polypropylenfaser ist die Erhöhung ihres Reckverhältnisses [5]. In diesem Fall nimmt auch die Anzahl der Bindemoleküle [14] und auch der Orientierungsgrad der amorphen Bereiche zu [15].

Ein anderer Weg für die Schrumpferhöhung ist aber die Erhöhung des höhermolekularen Anteils der Faser bei gleichen technologischen Prozeßparametern.

Unserer Meinung nach braucht man nicht besonders zu beweisen, daß die Zunahme der Anzahl der längeren Molekülketten die Wahrscheinlichkeit erhöht, daß zwei Kristallite durch Bindemoleküle miteinander verbunden sind. Anders formuliert bedeutet dies, daß die Anzahl der Bindemoleküle (tie-molecules) zunimmt.

Auf beiden Wegen kann die Erhöhung des Schrumpfes durch die Zunahme der Anzahl der Bindemoleküle erklärt werden. Dies ist aber nur im ersten Fall zwangsläufig mit einer Erhöhung des Orientierungsgrades verbunden.

5. *Zusammenfassung*

Durch Untersuchung von PP-Fäden mit verschiedenen rel. Molekülmassen und deren Verteilung wurde festgestellt, daß die Größe des Schrumpfes beim Tempern ohne Belastung nur durch die Anzahl der Bindemoleküle zwischen den Kristalliten und Fibrillen, nicht aber durch den Gesamtorientierungsgrad der Moleküle bestimmt wird.

Literatur

[1] *Ribnick, A.:* Thermal shrinkage of oriented Nylon 66 yarns as a function of time, temperature, and stress. Textile Res. J. **39** (1969) 5, S. 428—434.

[2] *Ribnick, A.:* The thermal shrinkage of an oriented polyester yarn as a function of time, temperature, and stress. Textile Res. J. **39** (1969) 8, S. 742—748.

[3] *Bosley, D. E.:* Fiber length changes and their relations to fiber structure. J. Polymer Sci. C: Polymer Symposia (1967) 20, S. 77—107.

[4] *Schultze-Gebhard, F.,* und *Müller, E. H.:* Strukturveränderungen beim thermischen Schrumpfen gereckter Polyamid-6-Fäden. Faserforsch. u. Textiltechnik **23** (1972) 6, S. 247—255.

[5] *Baltá-Calleja, F. J.,* und *Peterlin, A.:* Plastic deformation of polypropylene. V. Annealing of drawn polypropylene. Makromol. Chemie **141** (1971) S. 91—116.

[6] *Miller, R. L.,* und *Nielsen, L. E.:* Crystallographic data for various polymers. II. J. Polymer Sci. **55** (1961) 162, S. 643—656.

[7] *Hermans, J. J., Hermans, P. H., Vermaas, D.,* und *Weidinger, A.:* Quantitative Bestimmung der Orientierung in Cellulosefasern aus dem Röntgenstrahlen-Faserdiagramm. Rec. Trav. Chim. Pays-Bas. **65** (1946) S. 427—447.

[8] *Wilchinsky, Z. W.:* Advances in X-Ray analysis. Vol. 6. New York: Plenum Press 1963, S. 231.

[9] *Morosoff, N.,* und *Peterlin, J.:* Plastic deformation of polypropylene. IV. Wide-angle X-ray scattering in the neck region. J. Polymer Sci., A-2: Polymer Physics **10** (1972) 7, S. 1237—1254.

[10] *Samuels, R. J.:* Science and technology of polymer films. New York: Ed. O. J. Sweeting, Interscience, 1968.

[11] *Samuels, R. J.:* Quantitative charakterization of deformation in drawn polypropylene films. J. Polymer Sci., A-2: Polymer Physics **6** (1968) S. 1101—1139.

[12] *Weßlau, H.:* Die Molekulargewichtsverteilung einiger Niederdruckpolyäthylene. Makromol. Chemie **20** (1956) 2, S. 111—142.

[13] *Liska, E.:* Strukturänderungen von Polyesterfäden beim Orientieren und Tempern. I. II. III. Chemiefasern/Textil-Ind. (1973) 9, S. 818, 820—821; 10, S. 964—966, 975; 11, S. 1109—1110, 112—114.

[14] *Meinel, G.,* und *Peterlin, A.:* Fuming nitric acid treatment of polyethylene. IV. Morphology of drawn polyethylene. J. Polymer Sci., A-2: Polymer Physics **6** (1968) 3, S. 587—605.

[15] *Samuels, R. J.:* Spherulite structure, deformation morphology, and mechanical properties of isotactic polypropylene fibers. J. Polymer Sci., C: Polymer Symposia (1967) 20, S. 253—284.

[16] *Dismore, P. F.,* und *Statton, W. O.:* Chain folding in oriented nylon 66 fibers. J. Polymer Sci., C: Polymer Symposia (1966) 13, S. 133—148.

Eingegangen am 16. Mai 1974

Faserforschung und Textiltechnik 25 (1974) Heft 9
Zeitschrift für Polymerforschung

Gitterdynamik in Polymerfestkörpern

Fortschrittsbericht

Christian Seidel, Johannes Dechant und Christian Ruscher

Akademie der Wissenschaften der DDR, Institut für Polymerenchemie in Teltow-Seehof

DK 678.51.8(047.1):548.312(047.1):539.22:539.26:539.125.5:539.184

Im Hinblick auf die zunehmende Bedeutung der Untersuchung des Polymerfestkörpers wird eine Einführung in gruppentheoretische Methoden der Gitterdynamik gegeben. Auf verschiedene aktuelle Probleme der Gitterdynamik von makromolekularen Ketten-Molekül-Kristallen wird eingegangen, sowie auf den Zusammenhang mit dem Spektrum im fernen Infrarot. Die Möglichkeiten, Phononenspektren durch inelastische Neutronenstreuung (INS) zu bestimmen, werden diskutiert. Verschiedene Phononenwechselwirkungen (Elektron-Phonon, Exciton-Phonon, optische Effekte) werden betrachtet.

Динамика решетки в полимерных твердых веществах. Обзор

В связи с возрастающим значением изучения полимерных твердых веществ приводится введение в методы теории групп динамики решетки. Рассматриваются различные актуальные проблемы динамики решетки макромолекулярных цепных кристаллов и ее связь со спектром в дальней инфракрасной области. Обсуждаются возможности определения спектров фононов при помощи неэластического рассеяния нейтронов. В заключение рассматриваются различные взаимодействия с фононами (электрон-фонон, экситон-фонон) и оптические эффекты.

Lattice Dynamics of Polymer Solids. A Review

With respect to the growing importance of investigations of polymer solids, an introduction to the group theoretical methods of lattice dynamics is presented, considering various actual problems of lattice dynamics of macromolecular chain crystals and their connection with the spectrum in the far infrared region. The possibility of determining phonon spectra by inelastic neutron scattering is discussed and various phonon interactions (electron-phonon, exiton-phonon, optical effects) are considered.

Einleitung

Bei der Untersuchung der Beziehungen zwischen Struktur und Eigenschaften des Festkörpers ist nicht nur die statische Struktur von Bedeutung; eine ebenso wichtige Rolle spielt die Dynamik des Systems. Besondere Bedeutung hat sie zur Strukturaufklärung, bei bestimmten thermodynamischen Fragestellungen, z. B. spezifische Wärmekapazität (Phononenspektrum), sowie im Hinblick auf Transporteigenschaften (Elektron-Phonon-Wechselwirkung). Dieser Zusammenhang ist auch für Polymere wichtig. Bei der Anwendung auf Polymere ist zu beachten, daß gitterdynamische Formulierungen nur auf einen kristallinen Festkörper angewendet werden können, bzw. daß bestimmte Fragestellungen nur im kristallinen Festkörper von Interesse sind.

Die Frage nach der Dynamik der Gitterbausteine eines kristallinen Festkörpers ist ein altes Problem der Physik, das prinzipiell schon gelöst ist. Leider lassen sich die allgemeinen Lösungen der theoretischen Gitterdynamik nicht immer auf den realen Festkörper anwenden, da hier die Abweichungen von der Idealstruktur einen nicht zu vernachlässigenden Störeinfluß mit sich bringen. Andererseits setzen die bekannten Theorien Kenntnisse über die Struktur des betrachteten Festkörpers (räumliche Geometrie, Kraftfelder) voraus, die nicht in jedem Falle gegeben sind. Nicht zuletzt bleibt die Frage nach der Lösbarkeit der Gleichungen bei komplizierten kristallinen Systemen.

Als das klassische Grundlagenwerk über die Gitterdynamik ist die *Born/Huang*-Theorie [1] anzusehen. Neuere Gesamtdarstellungen sind die von *Maradudin, Montroll, Weiß* [2] und *Mitra* [3], sowie ein Überblick in *Brauer/Streitwolf* [4]. Eine aktuelle Übersicht über mathematische Methoden und physikalische Modelle wird von *Bilz* [6] gegeben. Auf die Gitterdynamik von polymeren Festkörpern wird bei *Zbinden* [7] und *Dechant* [8] eingegangen, ferner liegt eine frühere Studie über Gitterdynamik von Polymerfestkörpern von *Dechant* [9] vor. Für allgemeine Hinweise und Literaturzitate sei auf die Übersichtsarbeiten von *Lax* [134] und *Harris* [135] hingewiesen. Weitere Literaturangaben findet man in den Bibliographien [131, 132, 133].

1. Methodische Ansätze der Gitterdynamik niedermolekularer Kristalle

Ein Bestreben der theoretischen Physik ist es, durch Symmetriebetrachtungen das jeweilige physikalische Problem weitgehend zu entwirren, so daß es einer mathematischen Lösung zugänglich ist. Die „klassische" Anwendung der Gruppentheorie in der Gitterdynamik liefert Aussagen über die Anzahl von bestimmten Normalschwingungen einer Symmetrierasse sowie deren Entartung. Voraussetzung ist, daß die Symmetrie im Ortsraum — d. h. alle Symmetrieoperationen — bekannt ist. Die Zerlegung in eine irreduzible Darstellung (IRED) entsprechend den Charakteren der Symmetrieoperationen liefern die Symmetrierassen der Normalmoden sowie deren Multiplizität. Die Dimension der jeweiligen IRED gibt den Grad der Entartung an.

Weiterhin lassen sich Aussagen über die Raman- und Infrarot-Auswahlregeln der Normalschwingungen gewinnen.

Einen Überblick über die „klassische" Anwendung der Gruppentheorie wird z. B. von *Zbinden* [7] und *Cracknell* [10] gegeben. Dort ist auch eine Reihe weiterer Literaturstellen angeführt. Die praktische Anwendung einzelner Teile der Gruppentheorie findet man in fast jeder theoretisch orientierten Arbeit der Gitterdynamik. Kurze Darstellungen über Auswahlregeln und Symmetrieklassifizierung der Normalmoden liegen z. B. von *Tobin* [11] und *Lauwers* [12] vor.

Mit den Symmetrieeigenschaften der Normalschwingungen eines kristallinen dreidimensionalen Systems beschäftigte sich in den letzten Jahren eine Reihe von Arbeiten, deren Ziel es ist, eine sowohl mathematisch strenge, d. h. allgemeine, wie auch für Rechnungen praktikable Methode zur Symmetriereduktion der dynamischen Matrix anzugeben. Durch die Symmetriereduktion wird das Diagonalisieren der Matrix erst ermöglicht, bzw. die Rechenzeit wesentlich verkürzt.

Ausgangspunkt sind im wesentlichen die Arbeiten von *Maradudin/Vosko* [13] und *Warren* [14]. Für Molekülkristalle wurde der gruppentheoretische Formalismus durch *Venkataraman/Sahni* [15] modifziert. In jüngster Zeit erschien eine Arbeit von *Worlton/Warren* [16], in welcher die Theorie unter dem Gesichtspunkt der Anwendung der EDV betrachtet wird.

Die formale Theorie der Gitterdynamik läßt sich nach [16] folgendermaßen darstellen: Die bekannte Grundgleichung jedes Schwingungsproblems hat in harmonischer Näherung die Form

$$M^k \ddot{u}_\alpha{}^k(\boldsymbol{l}, t) = \sum_{l', k', \beta'} K_{\alpha\beta}^{kk'}(\boldsymbol{l} - \boldsymbol{l}')\, u_\beta{}^{k'}(\boldsymbol{l}, t), \qquad (1.1)$$

dabei sind: $k = 1 \ldots n$ die Atome in einer Einheitszelle,

- $\boldsymbol{l}$ Gittervektor, der die Einheitszelle lokalisiert $(-N < l_j < N)$,
- α, β 1, 2, 3 kartesische Koordinaten,
- M^k die Masse des k-ten Atoms,
- $\boldsymbol{u}^k(\boldsymbol{l}, t)$ das Verschiebungsfeld des k-ten Atoms in der l-ten Einheitszelle,
- $K^{kk'}(\boldsymbol{l} - \boldsymbol{l}')$ die Kraftkonstantenmatrix zwischen dem k-ten Atom der l-ten Zelle und dem k'-ten in der l'-ten.

Nach Einführung eines massenbezogenen Verschiebungsfeldes $\boldsymbol{w}^k(\boldsymbol{l}, t)$ und der dynamischen Matrix $D_{\alpha\beta}^{i\cdot k'}(\boldsymbol{l} - \boldsymbol{l}')$ läßt sich Gl. (1.1) umschreiben in

$$\ddot{w}_\alpha{}^k(\boldsymbol{l}, t) = -\sum_{l', k', \beta'} D_{\alpha\beta}^{kk'}(\boldsymbol{l} - \boldsymbol{l}')\, w_\beta{}^{k'}(\boldsymbol{l}', t). \qquad (1.2)$$

Gleichung (1.2) erfüllt folgende Voraussetzungen:

a) linear,
b) D-Matrix invariant gegenüber Gittertranslationsgruppe und Zeitinversion.

Daraus folgt:

$w_\alpha{}^k(\boldsymbol{l}, t)$ ist als lineare Superposition der Matrixelemente der IRED der kombinierten Gittertranslations-Zeitinversions-Gruppe darstellbar:

$$w_\alpha{}^k(\boldsymbol{l}, t) = \sum_{\boldsymbol{k}}^{BZ} \sum_{j=1}^{3n} w(\boldsymbol{k}, j)\, e_\alpha{}^k(\boldsymbol{k}, j)\, e^{-i[\boldsymbol{k}\boldsymbol{l} - \omega(\boldsymbol{k}, j)t]} \qquad (1.3)$$

- $\sum_{\boldsymbol{k}}^{BZ}$ Summe über alle Wellenvektoren $\boldsymbol{k}$ der ersten *Brillouin*-Zone (dazu [10, 17, 18]),
- $e_\alpha{}^k(\boldsymbol{k}, j)$ Eigenvektoren,
- $\omega(\boldsymbol{k}, j)$ Eigenfrequenzen zu den jeweiligen Normalmoden,
- $w(\boldsymbol{k}, j)$ Superpositionskoeffizienten, stellen die Amplituden der Normalmoden dar.

Die Anwendung der Gruppentheorie ist hier äquivalent mit einer Fouriertransformation, welche das Bewegungsproblem von allen Atomen des Kristalls auf die n Atome einer Einheitszelle reduziert.

Transformation (1.3) auf Gl. (1.2) angewendet, liefert die fouriertransformierte dynamische Matrix $D_{\alpha\beta}^{kk'}(\boldsymbol{k})$, und es ergibt sich als Eigenwertgleichung

$$D(\boldsymbol{k})\, e(\boldsymbol{k}, j) = \omega^2(\boldsymbol{k}, j)\, e(\boldsymbol{k}, j). \qquad (1.4)$$

Dieses Eigenwertproblem durch weitere gruppentheoretische Überlegungen zu vereinfachen, ist das Ziel zahlreicher Überlegungen.

Zu diesem Zweck wird eine Reihe von verschiedenen Gruppen eingeführt:

a) Die Gitter-Translations-Gruppe $G_L = \{\mathfrak{L}(\boldsymbol{l})\}$;
   $\mathfrak{L}(\boldsymbol{l})$ Gittertranslation mit dem Translationsvektor $\boldsymbol{l}$.
b) Die Punktgruppe des Kristalls $G_P = \{\mathfrak{R}(i)\}$;
   die Gruppenelemente $\mathfrak{R}(i)$ sind die Symmetrieoperationen (Drehungen, Spiegelungen), welche die äußere Symmetrie des Kristalls, d. h die Anordnung der Atome, invariant lassen.
c) Die Raumgruppe des Kristalls $G_S = \{S(i, \boldsymbol{l})\}$;
   sie ist eine Verknüpfung der Punkt- und Translationsgruppe, entsprechend sind die Symmetrieoperationen $S(i, \boldsymbol{l}) = [\mathfrak{R}(i)/\boldsymbol{v}(i) + \boldsymbol{l}]$. $\boldsymbol{v}(i)$ ist eine bei nichtsymmorphen Raumgruppen auftretende nichtprimitive Translation
d) Die Punktgruppe des Wellenvektors $\boldsymbol{k}|G_P(\boldsymbol{k}) = \{R(i)\}$;
   die Bedingung, welche die Symmetrieoperationen $R(i)$ erfüllen müssen, ist folgende:
   $R(i)\, \boldsymbol{k} = \boldsymbol{k} + \boldsymbol{h}$;
   $\boldsymbol{h}$ ist ein beliebiger Vektor des reziproken Gitters.
e) Die Raumgruppe des Wellenvektors $\boldsymbol{k}|G_S(\boldsymbol{k})$ analog zu c).

Die Gruppen d), e) repräsentieren die Symmetrien im Impulsraum, während a) bis c) Symmetrien im Ortsraum verkörpern.

Mit Hilfe der eingeführten Gruppen lassen sich die Symmetrieeigenschaften der D-Matrix in einfacher Form darstellen.

Die D-Matrix ist gegenüber Raumgruppenoperationen $S(i, \boldsymbol{l})$ invariant.

$$S(i, \boldsymbol{l}'')\, D^{kk'}(\boldsymbol{l} - \boldsymbol{l}') = D^{kk'}(\boldsymbol{l} - \boldsymbol{l}'). \qquad (1.5)$$

Daraus folgt, daß die fouriertransformierte D-Matrix gegenüber Elementen von $G_S(\boldsymbol{k})$ invariant ist. $\Gamma(\boldsymbol{k}; j\boldsymbol{l})$ sei eine reduzible unitäre Darstellung von $G_S(\boldsymbol{k})$. Dann ist folgende Gleichung mit Gl. (1.5) äquivalent:

$$D(\boldsymbol{k}) = \Gamma(\boldsymbol{k}; j\boldsymbol{l})\, D(\boldsymbol{k})\, \Gamma^{-1}(\boldsymbol{k}; j\boldsymbol{l}), \qquad (1.6)$$

d. h., $D(\boldsymbol{k})$ und $\Gamma(\boldsymbol{k}; j\boldsymbol{l})$ kommutieren.

Da die Gruppenordnung von $G_P(\boldsymbol{k})$ um vieles kleiner als jene von $G_S(\boldsymbol{k})$ ist, ist es vorteilhaft, nicht mit einer Darstellung $\Gamma(\boldsymbol{k}; j\boldsymbol{l})$ der $G_S(\boldsymbol{k})$, sondern mit einer der Punktgruppe des Wellenvektors $G_P(\boldsymbol{k})$ zu arbeiten.

Satz der Gruppentheorie:
Jede Matrix der Darstellung von $G_S(\boldsymbol{k})$ kann geschrieben werden als Matrix der Darstellung mit Faktorsystem von $G_P(\boldsymbol{k})$, multipliziert mit einem von $\boldsymbol{l}$ abhängigen Phasenfaktor.

$T(\boldsymbol{k}, j)$ sei eine reduzible Darstellung mit Faktorsystem von $G_P(\boldsymbol{k})$, $j = 1, \ldots, g_P(\boldsymbol{k})$ ($g_P(\boldsymbol{k})$-Gruppenordnung);

$$T(\boldsymbol{k}, j) = \exp\{i\boldsymbol{k}[\boldsymbol{l} + \boldsymbol{v}(j)]\} \cdot \Gamma(\boldsymbol{k}; j\boldsymbol{l}). \qquad (1.7)$$

Damit erhalten wir aus (1.6) als Ausdruck der Raumgruppensymmetrie der D-Matrix die grundlegende Beziehung

$$D(\boldsymbol{k}) = T(\boldsymbol{k}, j)\, D(\boldsymbol{k})\, T(\boldsymbol{k}, j)^{-1}. \qquad (1.8)$$

Nun sind wir in der Lage, eine symmetriereduzierte Form der D-Matrix $D(\boldsymbol{k})_{SR}$ aus einer beliebigen hermiteschen Matrix $D(\boldsymbol{k})$ zu reproduzieren:

$$D(\boldsymbol{k})_{SR} = \sum_{j=1}^{g_p(\boldsymbol{k})} T(\boldsymbol{k}, j)\, D(\boldsymbol{k})\, T(\boldsymbol{k}, j)^{-1}. \qquad (1.9)$$

Daß die so gewählte Matrix $D(\boldsymbol{k})_{SR}$ die Symmetriebeziehung (1.8) erfüllt läßt sich leicht zeigen.

Mit Hilfe der Projektionsoperatortechnik kann $D(\boldsymbol{k})_{SR}$ blockdiagonalisiert werden. Es wird gezeigt, wie ein Projektionsoperator $P^{(\varrho)}(\boldsymbol{k}, \lambda)$ zu konstruieren ist (ϱ-Laufindex für Eigenwerte, λ-Laufindex für Eigenvektoren bei entarteten Eigenwerten), der die Spalten der Transformationsmatrix erzeugt, die $D(\boldsymbol{k})_{SR}$ blockdiagonalisiert.

Damit ist das Eigenwertproblem der Matrix $3n \times 3n$ reduziert auf mehrere Eigenwertprobleme niederer Ordnung.

Im Falle von Molekülkristallen (external moden) muß Gl. (1.4) ersetzt werden durch

$$D(\boldsymbol{k})\, e(\boldsymbol{k}, j) = \omega^2(\boldsymbol{k}, j)\, M e(\boldsymbol{k}, j); \qquad (1.10)$$

M ist eine Matrix aus Massen(diagonal) und Trägheitsmomenten.

Das Problem besteht hier nicht nur darin, eine Gruppe unitärer Transformationen zu finden, die mit $D(\boldsymbol{k})$ kommutieren — wie in Gl. (1.6) bzw. (1.8) gezeigt —; die Transformationsgruppe muß außerdem mit M kommutieren.

Von *Venkataraman/Sahni* [15] wurde gezeigt, daß eine Prozedur, analog zu der oben ausgeführten, auch hier zum Ziel führt.

Eine allgemeine Methode der Konstruktion von irreduziblen Darstellungen mit Faktorsystem sowie deren Anwendung wurden von *Sahni/Venkataraman* [19, 20] angegeben.

Auf die oben dargestellten Grundzüge der Theorie aufbauend, wurden von *Waeber* [23] einige allgemeine, nützliche Relationen zwischen den Eigenfrequenzen, den Eigenvektoren und den Elementen der dynamischen Matrix abgeleitet.

Unabhängig von den bisher angeführten Arbeiten ist von *Chen* und *Dvorak* eine ähnliche Methode entwickelt worden [24, 25]. Anwendungen der beschriebenen Methode findet man in den Arbeiten von *Waeber* [21] und *Luty* [27, 29].

Der hier dargestellte gruppentheoretische Zugang zu den Symmetriebeziehungen der Normalmoden eines kristallinen Systems sollte auch im Falle einer Entartung der Translationsgruppe auf eine Dimension anwendbar sein (Kettenmoleküle). Ansätze dazu sind in der Arbeit von *Kitagawa* und *Miyazawa* [42] vorhanden. Interessieren in einer Näherung nur die niederfrequenteren, intermolekularen Schwingungen (siehe Abschnitt 2), kann auch die *Venkataraman*sche Methode der Molekülkristallschwingungen verwendet werden.

2. *Gitterdynamik an makromolekularen Ketten-Molekül-Kristallen*

2.1. *Die GF-Matrix-Methode*

Die meisten Arbeiten basieren auf der von *Higgs* [30] für unendliche Helix-Moleküle modifizierten *Wilson*schen GF-Matrix-Theorie [31, 32]. Eine neuere Darstellung der GF-Theorie für polymere Kettenmoleküle ist die von *Piseri/Zerbi* [33] und *Zerbi* [35]. Das Wesentliche dieser Methode besteht darin, daß die potentielle Energie der Moleküle als Funktion von inneren Verschiebungskoordinaten dargestellt wird. Die Energie hängt dann von Änderungen der Bindungslängen, Bindungswinkel, out-of-plane- und Torsionswinkel ab. Diese Koordinatenwahl hat den Vorteil großer Anschaulichkeit, ist aber für Symmetriebetrachtungen ungeeignet.

Die Konstruktion von Symmetriekoordinaten zur Vereinfachung der Form der dynamischen Matrix erhält dann einen mehr intuitiven Charakter und ist nur wenig verallgemeinerungsfähig (vgl. z. B. *Tasumi/Shimanouchi* [36]). Mit der Entwicklung innerer und kartesischer Symmetriekoordinaten mittels EDV beschäftigen sich *Dellepiane/Gussoni* [37, 38]. Dort wird eine Methode vorgeschlagen, die auch anwendbar ist, wenn die Punktgruppe des Moleküls unbekannt ist.

Optimal ist wahrscheinlich die potentielle Energie als Funktion kartesischer Verschiebungskoordinaten bei einem Kraftfeld in inneren Koordinaten darzustellen. Arbeiten, die nach diesem Konzept vorgehen, liegen von *Fanconi* [39, 40] vor. Die Verschiebungsfelder in kartesischen und inneren Koordinaten sind durch eine lineare orthogonale Transformation verknüpft:

$$\boldsymbol{R} = B \cdot \boldsymbol{X}. \qquad (2.1)$$

Hierbei ist $\boldsymbol{R}$ der Spaltenvektor der inneren Koordinaten, $\boldsymbol{X}$ der der kartesischen. Die Elemente der Transformationsmatrix B sind Konstanten, die von der Molekülgeometrie abhängen — *Piseri, Zerbi* [33, 34, 35], des weiteren [32, 152, 153, 154].

Ähnlich wie in der Kristallphysik wird auch bei (unendlichen) Kettenmolekülen eine geometrische Einheitszelle definiert — ebenso, daß durch Anwendung der Kristallsymmetrieoperationen der gesamte Kristall oder im Falle der Einzelkettenapproximation durch Kettensymmetrieoperationen die Gesamtkette reproduziert werden kann. Dieser geometrische Einheitsabschnitt kann kleiner sein als der entsprechende Einheitsbaustein der Kette (unter Einheitsbaustein soll derjenige verstanden sein, aus dem durch reine Translation die Gesamtkette reproduzierbar ist, während bei der Definition des Einheitsabschnittes auch Rotationen zugelassen sind — Schraubenachse einer Helix).

Die in Abschnitt 1 ausgeführten Argumente für eine Fouriertransformation sind auch hier gültig, so daß das Bewegungsproblem wieder auf die Atome, welche der geometrische Einheitsabschnitt enthält, reduziert werden kann.

(Die in vielen Arbeiten a priori eingeführten ebenen Wellen sind der Fouriertransformation und den dahinterstehenden Symmetrieeigenschaften des Systems äquivalent.)

Am Beispiel des PTFE wird in [52] gezeigt, wie sich auf Grund der oben ausgeführten Überlegungen die Dimension der dynamischen Matrix von 135×135 für den Einheitsbaustein auf 45×45 bzw. 9×9 (in der Einzelkettennäherung) reduziert.

2.2. *Die Einzelkettenapproximation und intermolekulare Wechselwirkungen*

Für viele Aufgabenstellungen erweist sich die Einzelkettenapproximation als eine brauchbare erste Näherung — dabei werden die Wechselwirkungen zwischen Atomen benachbarter Ketten vernachlässigt. Das ist deshalb als Näherung zulässig, weil zwischen den Bindungsenergien der Atome einer Kette und der benachbarter Ketten größenordnungsmäßige Unterschiede bestehen. Auf die Einzelkettenapproximation soll hier nicht näher eingegangen werden, weil es sich dabei um eine bekannte, relativ alte Methode handelt. Es sei auf *Dechant* [8, 9] hingewiesen; dort findet man auch entsprechende Literaturzitate — ebenso in den grundlegenden Arbeiten, über die Anwendung der GF-Matrix-Methode auf Polymer-Ketten-Moleküle [33, 34, 35].

Berücksichtigt man intermolekulare Kräfte, so führt dies zu:

a) Frequenzverschiebungen im Spektrum der freien Moleküle (in der Einzelkettenapproximation),
b) einer größeren Zahl von Banden (Einfluß der Molekülsymmetrie und der Kopplung verschiedener Ketten),
c) Auftreten von Gitterschwingungen mit niederen Frequenzen (den intermolekularen Schwingungen).

Die Lücke zwischen den höherfrequenten innermolekularen Schwingungen und den niederfrequenten intermolekularen ist meist so groß, daß man in Näherung diese beiden Schwingungstypen entkoppeln und getrennt berechnen kann [42, 43].

Dies führt einerseits zur oben angeführten Einzelkettennäherung (single chain oder isolated chain approximation) und andererseits zum, von der Berechnung der Schwingungen niedermolekularer Molekülkristalle bekannten, rigid body model [9, 15, 26, 27, 28, 44 bis 47, 127]. Die niederfrequenten Schwingungen unterhalb der Frequenzlücke sind für die spezifische Wärmekapazität bei tiefen Temperaturen sowie den Neutronenstreuquerschnitten von Bedeutung.

Mit den Besonderheiten bei der Behandlung von Torsionsschwingungen, die im rigid body model auftreten, befassen sich *Oliver/Walmsley* [48] und *Parlinski* [49], ebenso in den Arbeiten von *Luty* [29] und *Parlinski* [45].

Berechnungen mit intermolekularer Wechselwirkung sind an Polyäthylen, Polytetrafluoräthylen ($PTFÄ_{Th}$), Polyglycin bekannt. Mit Polyäthylen beschäftigen sich Arbeiten von *Tasumi* und *Shimanouchi* [36]; *Kitagawa* und *Miyazawa* [42, 43], *Tasumi* und *Krimm* [50], *Marsh* und *Martin* [51]. In *Marsh* und *Martin* [51] werden Dispersionskurven nach dem Kraftfeld von *Tasumi* und *Shimanouchi* mit den nach dem Kraftfeld von *Kitagawa* und *Miyazawa* berechneten verglichen.

Berechnungen an Polytetrafluoräthylen haben *Piseri*, *Powell* und *Dolling* [52] durchgeführt. Dort wird auch

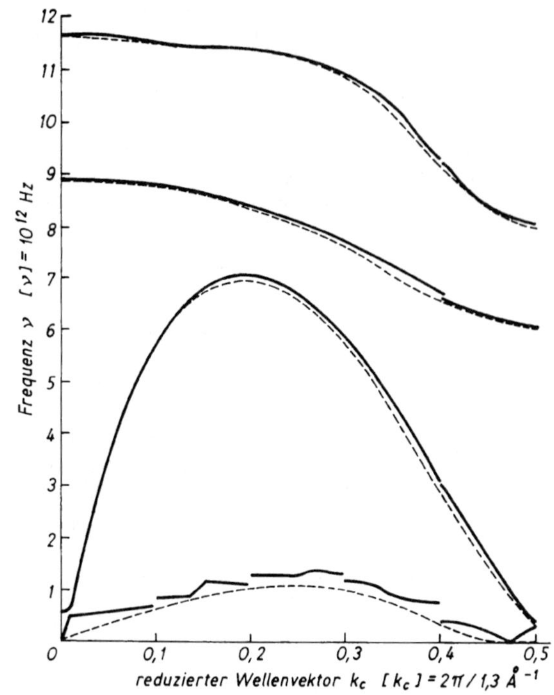

Bild 1. Der Einfluß der intermolekularen Wechselwirkung auf die Form der Dispersionskurven von PTFÄ. Die gebrochenen Linien stellen die Dispersion mit Berücksichtigung der intermolekularen Kräfte dar (nach [52])

der Einfluß, den eine intermolekulare Wechselwirkung auf die Form der Dispersionskurven hat, direkt untersucht (s. Bild 1). Als empirisches Potential wird das von Berechnungen niedermolekularer organische Kristalle bekannte „6-exp-Potential" verwendet, *Luty* [26 bis 29]:

$$V(r) = -\alpha r^{-6} + \beta \exp[-\gamr]. \qquad (2.2)$$

Dieses Potential hat sich bei neueren Arbeiten zur Berechnung der intermolekularen Wechselwirkung allgemein durchgesetzt.

Mit Polyglycin beschäftigt sich *Fanconi* [41]. Dort wird auf die Besonderheiten der intermolekularen Wasserstoffbrückenbindung eingegangen, ebenso wird dies von *Meshitsuka* u. Mitarb. [53] berücksichtigt.

Zu weiteren Problemen der Wahl eines geeigneten Kraftfeldes sei auf Abschnitt 3 verwiesen.

2.3. *Die Methode der Greenschen Funktion*

Eine in der Gitterdynamik von Polymeren relativ neue Methode ist die der *Green*schen Funktion. Eine Einführung in die Anwendung der Methode der *Green*schen Funktion bei gitterdynamischen Fragestellungen wird von *Katsura* [54] gegeben. Auf die Gitterdynamik von Polymeren wird die Methode von *Hölzl/Schmid* [55 bis 60] angewendet.

Die *Lifschitz*sche Methode der *Green*schen Funktion [129] wird zur Berechnung von Vibrationszuständen von regulären Hochpolymeren und solchen, die Konformationsdefekte enthalten, verwendet. Dabei erfolgt die Berücksichtigung der Defekte zwanglos, und deren Einfluß auf das Schwingungsspektrum ist leicht überschaubar. Die Theorie setzt die Näherung unendlicher

Ketten und eine geringe Defektstellenkonzentration voraus.

Die für die *Lifschitz*sche Methode der *Green*schen Funktion neue Kategorie von Defekten — den Konformationsdefekten in Polymeren — kann dann behandelt werden, wenn die Konformations-Defekt-Matrix durch eine kanonische Transformation aus der unlokalisierten in eine lokalisierte Darstellungsform gebracht wird.

Die angegebene Methode der *Green*schen Funktion ist dann vorteilhaft anzuwenden, wenn Defekte der regulären Gitterstruktur berücksichtigt oder einzelne Punkte der Frequenzverteilungsfunktion $g(\omega)$ berechnet werden sollen.

Bekannte Arbeiten, die sich mit der Gitterdynamik von Polymeren beschäftigen, haben zum Ziel, die Dispersionskurven der Substanz in ausgewählten Richtungen der *Brillouin*schen Zone angeben zu können — bzw. die spektralen Frequenzdichteverteilungen. Die Ergebnisse werden mit experimentellen Daten aus Infrarot- und Raman-Messungen, sowie aus der inelastischen Neutronenstreuung (INS) verglichen. Die Arbeiten sind nicht darauf orientiert, Korrelationen zu Festkörpereigenschaften zu finden. In Ausnahmefällen sind elastische Konstanten bzw. die Abhängigkeit der spezifischen Wärmekapazität von der Temperatur angegeben [29, 43, 47, 52].

3. *Zur Wahl eines geeigneten Kraftfeldes*

Gleichgültig, in welchem Formalismus die Bewegungsgleichungen des Systems aufgeschrieben werden sollen, besteht immer das Problem, ein geeignetes Modell des Kraftfeldes bzw. Potentials zu finden. Zu diesem Zweck sind verschiedene Methoden entwickelt worden.

Ein Überblick wird in [61] von *Lifson* gegeben, über intermolekulare Kräfte und Potentiale auch von *Murgulescu/Trestianu* [62].

3.1. *Modellpotentiale mit freien Parametern bzw. angepaßte Kraftfelder*

Dies ist die nicht nur in der Gitterdynamik von Polymeren heute noch verbreitetste Methode. In der GF-Matrix-Technik wird als erste Näherung das Kraftfeld eines niedermolekularen Bestandteils (Monomer) der Kette verwendet und dies in der Einzelkettenapproximation angepaßt (vgl. z. B. [52]).

Das Kraftfeld-Potential kann mit Hilfe von Daten der Strukturanalyse oder der Schwingungsspektren gefitet werden.

Geht man von der Strukturanalyse aus, wird die Gleichgewichtsgeometrie des Moleküls verwendet, d. h., die Minima des Potentials werden angepaßt; bei der Schwingungsspektrenanalyse (INS, IR, Raman) wird das Potential in der Umgebung der Minima gefitet. Die Natur der Potentialfunktion wird natürlich besser erfaßt, wenn Struktur- und Schwingungsanalyse kombiniert werden. Die Wahl der entsprechenden Funktionen und Parameter gestaltet sich dann jedoch komplizierter. Die Rechnungen setzen eine schnelle Rechenanlage mit großer Speicherkapazität voraus. Allerdings gewinnt man damit eine zuverlässigere und genauere Beschreibung der Potentialfunktion (vgl. [61]).

Von *Haverfield* und *Powell* [63] wird eine Methode zur Berechnung der kartesischen Kraftkonstanten verwendet, welche die Kenntnis aller Normalschwingungen des Moleküls voraussetzt. Nach einer von *King* und *Zelano* [64] angegebenen Summenregel werden die atomspezifischen Kraftkonstanten an 142 verschiedenen, meist niedermolekularen organischen Verbindungen gefitet.

Wie schon oben ausgeführt, hat sich als intermolekulares Potential bei Polymeren und organischen Molekülkristallen das sogenannte *Buckingham*- oder 6-exp-Potential durchgesetzt.

Im allgemeinen wird angenommen, daß das Potential eines Molekül- oder Polymerkristalls als Summe aller Paarwechselwirkungen von Atomen verschiedener Moleküle bzw. Ketten dargestellt werden kann:

$$V = \sum_{m,n} V_{mn}.$$

Für die Paarwechselwirkung wird das „6-exp-Potential" angesetzt:

$$V_{mn} = -A_{mn} \sum_{p,s} r_{ps}^{-6} + B_{mn} \sum_{p,s} \exp\left[\alpha_{mn} r_{ps}\right].$$

Der erste Term repräsentiert die Anziehungsenergie zwischen den Atomen (Dispersionsenergie), der zweite die Abstoßungsenergie, die auf der Überlappung von Elektronenhüllen der Atome verschiedener Moleküle beruht. r_{ps} ist der Abstand der Atome p und s. Die Parameter A_{mn}, B_{mn} und α_{mn} werden auf halbempirischem Weg bestimmt. Ein Kriterium für die Richtigkeit des Parametersatzes ist die Übereinstimmung zwischen berechneten Werten für die Elementarzellendimensionen oder für die Gitterenergie mit experimentell gewonnenen Ergebnissen. Mit der Bestimmung der Parameter für Kohlenwasserstoffkristalle befassen sich *Kitaigorodskij* [65] und *Williams* [66].

Poltev/Suchorukow [67] zeigen Möglichkeiten zur direkten Berechnung der Parameter der Potentialfunktion auf der Grundlage der Atomparameter der beteiligten Atome. Die Bedeutung dieser Methode liegt darin, daß damit die Potentialfunktion für beliebige Atome bestimmt werden kann, während von *Kitaigorodskij* und *Williams* nur die Wechselwirkungen in Kohlenwasserstoffen (C ... C, C ... H, H ... H) erfaßt werden.

Die Konstante A_{mn} der Dispersionswechselwirkung wird nach der approximierten *London*-Formel berechnet:

$$A_{mn} = \frac{3}{2} \frac{a_m a_n \cdot U_m U_n}{U_m + U_n};$$

a_m, a_n sind die Polarisierbarkeiten, $U_m U_n$ die Ionisierungsenergien der beteiligten Atome,

$$\alpha_{mn} = \frac{1}{2} (\alpha_{mm} + \alpha_{nn}).$$

Die Werte der Parameter α_{mn}, α_{nn} in Abhängigkeit von der Ordnungszahl der Atome findet man in der Literatur [130]. Mit Hilfe der Gleichgewichtsbedingung

$$\left(\frac{\partial V}{\partial r_{ps}}\right)_{r_{ps}=R_{nm}} = 0$$

findet man den Wert des verbleibenden dritten Parameters B_{mn}. R_{mn} ist dabei die Summe der *Van-der-Waals*-Radien der Atome m und n. Werte für die Parameter A_{mn}, B_{mn}, α_{mn} im Fall von C- und H-Atomen werden nach den beiden verschiedenen Methoden z. B. von *Luty* [29] angegeben.

Voraussetzung für die Verwendung dieses Potentials — siehe Abschnitt 2 — ist, daß keine Wasserstoffbrückenbindungen existieren.

3.2. *Aus der Elektronenstruktur berechnete Kraftfelder*

Die Kraftfelder, die sich in einem Molekül ausbilden, sind nichts anderes als Ausdruck der dort bestehenden Elektronenstruktur. Die Schwierigkeiten bei der Beschreibung der Elektronenstruktur von Makromolekülen sind bekannt. Hier seien keine methodischen Ansätze dazu angeführt, nur eine Reihe von Arbeiten, in denen die Potentialfunktionen mit mehr oder minder exakten Methoden berechnet werden — und zwar mit solchen Methoden, bei denen eine Erweiterung für hochmolekulare Verbindungen nicht ausgeschlossen erscheint.

Für viele Arbeiten ist die semiempirische CNDO-Methode (complete neglect of differential overlap) von *Pople* und *Segal* [68] Ausgangspunkt.

Von *King* [69] werden die atomspezifischen Kraftkonstanten berechnet; *Boyd, Whitehead* [70, 71, 72] erhalten Geometrie und Kraftkonstanten bis C_2H_6; *Horita* und *Nagakura* [73] ermitteln die Kurven der potentiellen Energie niedermolekularer Systeme mit Wasserstoffbrücken mittels eines modifizierten CNDO-Verfahrens. *Bloemer* und *Brunner* [74] berechnen die Kraftfelder bis $(CH)_7$ mit der erweiterten *Hückel*-Theorie. *Anderson* [75] geht von einer effektiven molekularen Elektronenladungsdichte aus und findet empirische Beziehungen zwischen Gleichgewichtsabständen, harmonischen Kraftkonstanten und der Stellung des Atoms im Periodensystem für zweiatomige Moleküle Eine mögliche Erweiterung auf mehratomige Moleküle wird angegeben.

3.3. *Selbstkonsistente Kraftfelder* (SCF)

Es handelt sich hier um eine Methode, die zwar alt ist, aber erst in jüngster Zeit Anwendung gefunden hat. (vgl. dazu *Klein* und *Morton* [76]). Allgemeine Gesichtspunkte der selbstkonsistenten Phononentheorie (SCPT) sind auch bei *Lifson* [61] und *Köhler* [77] zu finden, bei letzterem unter computerorientierten Gesichtspunkten. Die SCPT ist gegenwärtig auf Ferroelektrika [78], Molekularkristalle [79], Metalle [80], Transportprozesse [81] angewendet worden.

Die aktuellsten Anwendungen der SCPT auf molekulare Festkörper stammen von *Jacobi* und *Schnepp* [82, 83] sowie *Aung* und *Strauß* [84]. Von *Lifson* und *Warshel* ist eine Arbeit über n-Alkane bekannt [85].

4. *Die Absorption von Polymeren im fernen Infrarot und deren Zusammenhang mit Gitterschwingungen und Defektstellen*

Amrhein und *Müller* [136] untersuchten mit einem Fourier-Spektrometer die Struktur des Untergrundes im fernen Infrarotspektrum von Polyäthylen und Polyoxymethylen zwischen 30 und 600 cm^{-1}. Außer der bereits erwähnten Intensitätsabnahme der Gitterschwingungsbande bei 71 cm^{-1} mit abnehmender Kristallinität wurde ein gleichzeitiger Abstieg des Absorptionsuntergrundes beobachtet. Der Vergleich der Untergrundabsorption mit der aus dem Neutronenstreuungsspektrum abgeleiteten Frequenzdichteverteilung der Normalschwingungen zeigt, daß die Untergrundabsorption auch außerhalb der infrarotaktiven Absorptionsbanden das Schwingungsspektrum des Festkörpers gut widerspiegelt. Zur Deutung dieser Erscheinung wurde die defektinduzierte Absorption herangezogen. Wenn eine Eigenschwingung einer Defektstelle auf einer Dispersionskurve des Kristalls liegt, können die Schwingungen des ganzen Frequenzzweiges mit angeregt werden. Als solche Defekte kommen eingebaute Kettenenden, Kinken und Faltungen in Frage.

Der Hauptanteil des Untergrundes läßt sich aber nicht mit den Defekten erklären, sondern er ist in der amorphen Phase selbst begründet. Die qualitativ gute Übereinstimmung zwischen dem Schwingungsspektrum des Gitters und dem der amorphen Phase führt zu dem Schluß, daß sich die Frequenzverteilung beim Übergang vom kristallinen in den glasartigen Zustand nur wenig ändert. Die Untersuchung der Struktur des Absorptionsuntergrundes könnte daher Kenntnisse über die „kristalline Nahordnung" im Glaszustand vermitteln.

Die Untergrundabsorption läßt sich verstärken und dann besser untersuchen, indem Dipole in die Ketten in der amorphen Phase eingebaut werden, was zum Beispiel durch Chlorierung möglich ist (*Frischkorn* [137]). Auch von *Martin* [138] wurde darauf hingewiesen, daß normalerweise nicht infrarotaktive Torsionsschwingungen von Kettenmolekülen durch den Einbau einer kleinen Anzahl permanenter Dipole, die das Schwingungsspektrum nur wenig beeinflussen, aktiviert werden können.

Im amorphen Polymer spielt die Wechselwirkung der Phononen untereinander eine wesentlichere Rolle als im Kristall. Dies führt zu einer zusätzlichen, temperaturabhängigen Mehrphononenabsorption, die vor allen Dingen in den Bereichen geringer Einphononenabsorption (kleiner Zustandsdichte), d. h. bei sehr niedrigen Frequenzen, ins Gewicht fällt. Die Mehrphononenprozesse liefern den Hauptbeitrag zu den langwelligen Ausläufern der Infrarotabsorption der Polymeren. Durch die Messung der Temperaturabhängigkeit der Absorption lassen sich die Ein- und Mehrphononenabsorption gegeneinander abgrenzen (*Amrhein* und *Heil* [139]).

Hoffmann u. Mitarb. [140] untersuchten das Absorptionsspektrum von Polyäthylenterephthalat im fernen Infrarot (Bild 2). Da bei diesem Polymer nur eine Monomereinheit in der Elementarzelle enthalten ist, dürfte eigentlich keine infrarotaktiven Gitterschwingungen auftreten. Es werden jedoch mit zunehmender Ordnung des Polymer eine Reihe scharfer Absorptionsbanden beobachtet, die in der genannten Arbeit als defektinduzierte Grenzfrequenzen akustischer Zweige interpretiert werden. In Bild 3 sind die integrale Extinktion der Bande bei 139 cm^{-1} und die röntgenographisch bestimmte Kristallinität über die Temperzeit aufgetragen. Der analoge Verlauf beider Kurven, der die Haupt- und die Nachkristallisation deutlich wieder-

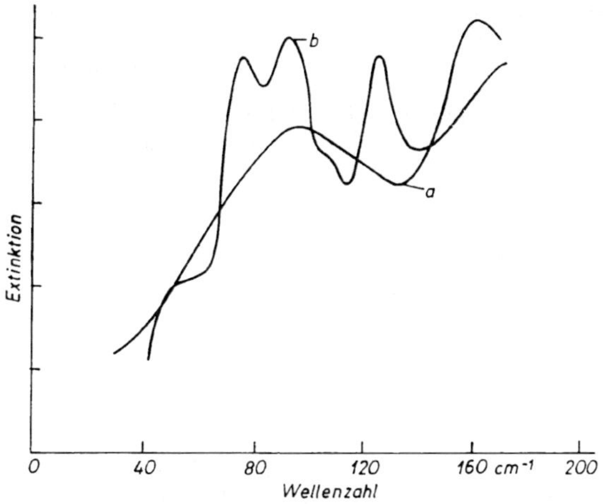

Bild 2. Fernes Infrarotspektrum von Polyäthylenterephthalat (nach [140])
a — amorph b — partiell kristallin

gibt, zeigt den Zusammenhang der Bande 139 cm^{-1} mit dem Ordnungsgrad. Für eine weitergehende Diskussion wäre jedoch eine bessere Interpretation der Bande und der anderen Absorptionen des Polymers im fernen Infrarot notwendig, die sich insbesondere mit der Abhängigkeit des Spektrums von der Kristallmorphologie und von den Defektstellen befassen müßte.

5. *Bestimmung der Phononenspektren durch inelastische Streuung thermischer Neutronen (INS)*

Zu einer wichtigen Methode der experimentellen Festkörperphysik hat sich die Neutronenstreuung entwickelt. Bezüglich der Untersuchung der Dynamik des Festkörpers hat die inelastische Streuung thermischer Neutronen große Bedeutung. Die Aussagekraft von Neutronenstreuexperimenten liegt in folgenden physikalischen Fakten begründet:

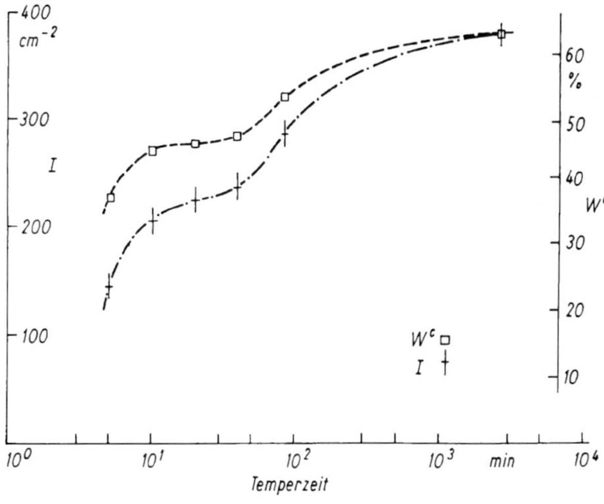

Bild 3. Röntgenographisch bestimmter Kristallanteil W^c und integrale Extinktion I der Bande bei 139 cm^{-1} in Abhängigkeit von der Temperzeit einer bei 220 °C getemperten Polyäthylenterephthalatfolie (nach [140])

1. Thermische Neutronen haben eine Wellenlänge der Größenordnung 1 Å. In der gleichen Größenordnung liegen die Atombestände im Festkörper.
2. Die Zeitperiode von 10^{-13} s der mit dem Neutronenstrahl verknüpften Welle ist mit den charakteristischen Zeiten der Atombewegungen im Festkörper vergleichbar.
3. Bei der Neutronenstreuung gibt es keine Auswahlregeln wie sie bei IR- oder Ramanexperimenten auftreten, d. h. alle Schwingungsmoden können erfaßt werden.
4. Es können nicht nur Moden im Ursprung der *Brillouin*schen Zone bei $\boldsymbol{k} = 0$ bestimmt werden (IR- und Ramanmessungen $\boldsymbol{k} = 0$, d. h., nur solche Schwingungen sind aktiv, bei denen alle Atome/Moleküle in Phase schwingen).
   Durch verschiedene Wahl des von den Neutronen übertragenen Impulses $\hbar\boldsymbol{Q}$ können alle Punkte $\boldsymbol{k} \neq 0$ gemessen werden.

Bei der kohärenten Neutronenstreuung gilt der (Quasi-)Impuls und Energieerhaltungssatz (Ein-phononen-Prozeß!)

$$\boldsymbol{Q} = \boldsymbol{k}_0 - \boldsymbol{k} = \boldsymbol{\tau} + \boldsymbol{k}_{ph}, \tag{5.1}$$

$$\frac{\hbar^2 k^2}{2m} - \frac{\hbar^2 k_0^2}{2m} = \pm \hbar\omega; \tag{5.2}$$

$\boldsymbol{k}_0$ Wellenvektor des einfallenden Neutrons,
$\boldsymbol{k}$ Wellenvektor des gestreuten Neutrons,
$\boldsymbol{\tau}$ Vektor des reziproken Gitters,
$\boldsymbol{k}_{ph}$ Wellenvektor des Phonons,
ω Frequenz des Phonons.

Das Vorzeichen „Plus" gilt für Phononenvernichtung, „Minus" für Phononenerzeugung.

Mit Hilfe von Gl. (5.1) und (5.2) kann die Dispersionsrelation $\omega = \omega(\boldsymbol{k}, j)$ bestimmt werden.

Voraussetzung für kohärente Streuung ist eine Einkristallprobe. Anderenfalls läßt sich der Impulserhaltungssatz nicht ausnutzen, da der reziproke Gittervektor $\boldsymbol{\tau}$ dann eine beliebige, nichtdefinierte Größe darstellt. In diesem Fall kann nicht die Dispersionsrelation $\omega(\boldsymbol{k}, j)$ sondern nur die Frequenzverteilungsfunktion oder Zustandsdichte $g(\omega)$ bestimmt werden. Diese enthält weniger Informationen als die Dispersionsrelation.

Für Neutronenstreuexperimente werden relativ große Probenvolumina benötigt (Querschnitt 4 bis 5 cm^2, Dicke ca. 0,5 cm — es ist möglich mit kleineren Proben zu arbeiten, allerdings wird das Signal-Rausch-Verhältnis dann wesentlich schlechter). Es ist heute noch unmöglich, polymere Einkristalle in vergleichbarer Größe zu züchten. Man hilft sich damit, daß man die geforderten Kristallinitätsbedingungen in einer bestimmten Richtung garantiert. Nur in dieser ausgezeichneten Richtung sind dann Messungen möglich. *Piseri*, *Powell* und *Dolling* [52] haben mit gereckten PTFÄ-Fäden gearbeitet, die durch das Recken in Richtung der Helixachse die geforderte Kristallinität besitzen. Es wurden die fünf unteren Zweige der Dispersionsrelation für Wellenvektoren in der Symmetrierichtung gemessen und mit Rechnungen verglichen (vgl. 2.2).

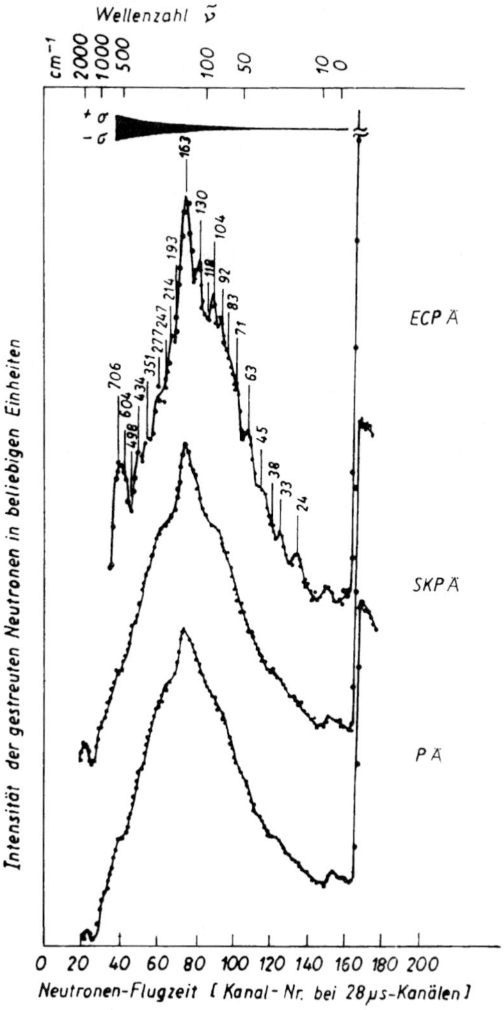

Bild 4. Inelastische Neutronenstreuung an Polyäthylen nach der Flugzeitmethode (nach *Berghmans* u. a. [142])
ECPÄ: Polyäthylen mit „extended chain"-Kristallen
SKPÄ: schmelzkristallisiertes, getempertes Polyäthylen
PÄ: ungetempertes Polyäthylen

Neutronenstreuexperimente an polykristallinen bzw. partiell kristallinen Polymer-Substanzen sind seit längerer Zeit bekannt. Einen Überblick über an verschiedenen Substanzen durchgeführte Messungen findet man z. B. in den Übersichtsarbeiten von *Safford* und *Naumann* [144], *Berghmans* [141] und *Kitagawa* [128].

Welche Aussagen mit Hilfe der inkohärenten INS an partiell kristallinen Polymeren gewonnen werden können, soll an folgendem Beispiel gezeigt werden: *Berghmans*, *Safford* und *Leung* [142] untersuchten Polyäthylen unterschiedlicher Struktur, insbesondere auch solches mit gestreckten Ketten. Die Peaks im Spektrum der Probe mit „extended chain"-Kristalliten sind wesentlich schärfer und zahlreicher als die des schmelzkristallisierten Polyäthylens (Bild 4). Mit sinkender Temperatur werden die Peaks noch schärfer, und die Auflösung wird besser. Ein weiterer Unterschied zwischen der Neutronenstreuung an normalem Polyäthylen und solchem mit gestreckten Ketten ist die größere Intensität des elastischen Maximums beim „extended chain"-Polymer. Da angenommen wird, daß die Intensität des elastischen Maximums proportional zum *Debye/Waller*-Faktor ist, zeigt diese Erscheinung eine Abnahme der mittleren Schwingungsamplitude an. In Tabelle 1 sind die Lagen der Maxima zusammen mit älteren Daten an normalem Polyäthylen (*Safford*, *Naumann* und *Simon* [143]) und ramanspektroskopischen Ergebnissen zusammengestellt.

Bemerkenswert ist die gute Übereinstimmung der Lage einiger Peaks mit den berechneten Frequenzen

Tabelle 1. Vergleich der inelastischen Neutronenstreuung und der Raman-Banden von Polyäthylen und deren Zuordnung (nach Berghmans [142])

Inelastische Neutronenstreuung cm^{-1}		Raman cm^{-1}	Zuordnung
Berghmans [142]	*Safford* [143]	*Frenzel* [145]	
706	720	—	$\nu_8{}^b(\pi)$ CH_2-Rocking
604	620	620	Kettenfaltung?
498	550	520	$\nu_5{}^a$ (max) $= \nu_5{}^b$ (max) $=$ Kooperative Kettendeformation
—	—	468	
434	445	448	Zweiphononenprozeß, Oberschwingung ν_9
351	360	378	Zweiphononenprozeß, Kombination ν_9 und $\nu_5{}^a(0)$
—	330	325	— —
277	285	284	Zweiphononenprozeß, Kombination $\nu_5{}^a(0)$ und $\nu_5{}^b(\pi)$
247	255	254	— —
214	230	228	Kooperative Kettentorsion $\nu_9{}^a$ (max)
193	200	180	Kooperative Kettentorsion $\nu_9{}^b$ (max)
163	167	—	Antiparallele Rotationsgitterschwingung $\nu_5{}^a(0)$
130	147	143	Parallele Rotationsgitterschwingung $\nu_5{}^b(0)$
118	114	125	Antiparallele Translation entlang der b-Achse $\nu_5{}^b(\pi)$
104	—	104	— —
92	95	—	— —
83	—	—	— —
71	67	74	Antiparallele Translation entlang der a-Achse $\nu_5{}^a(\pi)$
63	39	52	Antiparallele Translation entlang der c-Achse $\nu_9{}^b(0)$
45	—	—	— —
38	—	36	— —
33	—	—	— —
24	—	—	— —

der Gitterschwingungen (163, 130, 108, 71, 63 cm^{-1}). Es treten im Neutronenspektrum jedoch auch Maxima auf, die nicht mit den vorliegenden Berechnungen und auch nicht mit Mehrphononenbeiträgen erklärt werden können. Zur Aufklärung dieser Maxima sind insbesondere Kenntnisse über die Dispersionsrelation (Frequenz-Phasen-Beziehung) notwendig.

Während bei der kohärenten Streuung alle Partialwellen der verschiedenen Streuzentren vollständig miteinander interferrieren, verhalten sich die auslaufenden Wellen bei der inkohärenten Streuung so, als ob jedes Atom unabhängig von den anderen schwingen würde — nur die Streuintensitäten überlagern sich. Im Gegensatz zur kohärenten Streuung wird die inkohärente von der individuellen, nicht von der gegenseitigen kollektiven Bewegung der streuenden Teilchen bestimmt. Damit ist auch der physikalische Hintergrund geklärt, weshalb bei inkohärenter Streuung nur die Zustandsdichte $g(\omega)$, nicht die Dispersionsrelation $\omega(\boldsymbol{k}, j)$ zu bestimmen ist — repräsentiert doch der Wellenvektor $\boldsymbol{k}$ gerade die Phasenbeziehungen zwischen den schwingenden Teilchen.

Es ist zu beachten, daß die inkohärente Streuung am Proton ca. vierzigmal stärker ist als die kohärente. Deshalb mißt man bei Wasserstoffverbindungen praktisch immer die inkohärente Streuung. Ist man an der Dispersionsrelation $\omega(\boldsymbol{k}, j)$ interessiert, will also die kohärente Streuung messen, muß man die Substanz deuterieren. Beim Deuterium besitzen kohärente und inkohärente Streuung vergleichbare Stärke. Für einige wichtige Atome sind die kohärenten und inkohärenten Wirkungsquerschnitte der Neutronenstreuung in Tabelle 2 angegeben.

Die INS ist die wichtigste Methode zum Messen von Phononenspektren.

Zu Fragen der verschiedenen experimentellen Methoden, deren theoretischen Hintergrund und Durchführung sowie der Auswertung der Messungen sei auf den instruktiven Artikel von *Buras* [147] verwiesen. Mit allgemeinen Problemen der Auswertung und Aussagefähigkeit der INS beschäftigen sich *Boffi* und *Caglioti* [148]. In beiden Arbeiten ist eine große Zahl von Literaturhinweisen angegeben. Es sei weiter auf die von der International Atomic Energy Agency, Wien, herausgegebene Proceedings Serie „Neutron Inelastic Scattering" hingewiesen, in der eine Vielzahl von Problemen behandelt wird [149, 150, 151].

Auf die Untersuchung von Molekülen wird in einer Übersichtsarbeit von *Springer* [146] eingegangen.

Tabelle 2. Kohärenter (S_c) und inkohärenter (S_i) Wirkungsquerschnitt der Neutronenstreuung für ausgewählte Atome (nach *Kitagawa* [128])

Kern	S_c	S_i
H	1,79	79,71
D	5,40	2,20
^{12}C	5,50	0,03
^{13}C	4,50	1,00
N	11,00	0,40
O	4,20	0,04
F	3,80	0,20
Cl	12,10	2,90
Br	5,70	0,40

Phononenspektren können theoretisch auch durch diffuse Streuung von Röntgenstrahlen bestimmt werden. Die daraus gewonnenen Aussagen enthalten jedoch einen geringeren Informationsgewinn als solche aus kohärenter INS, da wegen $\Delta E \simeq 0$ der Energieerhaltungssatz keine Informationen liefert. Da außerdem die Auswertung sehr kompliziert ist und nur wenig signifikante Ergebnisse liefert, wird dieses Verfahren kaum angewendet. Vorteile gegenüber der INS sind wesentlich kleinere Probenvolumina und eine um den Faktor 10 kürzere Meßzeit.

Partielle Aussagen über das Phononenspektrum eines Kristalls erhält man weiterhin:

1. Mit Hilfe der *Mößbauer*-Spektroskopie. Damit kann man die mittlere quadratische Auslenkung und mittlere Geschwindigkeit eines Teilchens bestimmen. Voraussetzung ist die Existenz eines geeigneten *Mößbauer*isotopes, das in den Kristall eingebaut werden kann.
2. Durch Messung der spezifischen Wärmekapazität als Funktion der Temperatur.
3. Durch Messung der thermischen Ausdehnungskoeffizienten.
4. Durch Thermokraftmessungen.
5. Durch IR- und Ramanspektroskopie (siehe oben).

6. *Phononenwechselwirkungen*

6.1. *Elektron-Phonon-Wechselwirkung*

Für organische Kristalle (aromatische Moleküle) ist eine allgemeine Theorie der Elektron-Phonon-Wechselwirkung entwickelt worden, *Gosar* und *Choi* [86], *Munn* und *Siebrand* [87]. Diese Theorie ist sicher auch für Makromoleküle erweiterungsfähig und anwendbar, da sie prinzipiell kein bestimmtes Transportmodell voraussetzt, sondern intermediäres Verhalten zwischen kohärentem Transport (Bändermodell) und inkohärentem (Hoppingmodel) annimmt. Die Leitfähigkeit wird nach der „linear-response theory" berechnet.

$$\sigma = i \int_{-\infty}^{0} t \langle [j(t), j(o)] \rangle \, dt, \qquad (6.1)$$

$$j(t) = \frac{dp}{dt} = -i[p, K] \text{ Stromdichteoperator}, \qquad (6.2)$$

$$p = \text{Polarisationsoperator},$$

$$p = e \sum_n r_n a_n^+ a_n, \qquad (6.3)$$

a_n^+, a_n Elektronenerzeugungs- bzw. -vernichtungsoperator,
b_q^+, b_q desgl. für phonon.

Der Gesamthamiltonian des Systems hat in dieser Darstellung die Form

$$K = \sum_n [\varepsilon_0 a_n^+ a_n - J a_n^+ (a_{n+1} + a_{n-1})] + \sum_q \omega_q b_q^+ b_q + K_{ep}$$

$$(\hbar = 1!). \qquad (6.4)$$

Der erste Summand beschreibt den reinen Elektronenanteil (ε_0 — lokalisierter Elektronenzustand, J — exchange Integral), der zweite den reinen Phononenanteil (ω_q die Eigenfrequenzen der Normalmoden, q — Wellenvektoren). K_{ep} ist der Hamiltonoperator der e-phonon-Wechselwirkung, bei linearer Wechselwirkung mit den Gittermoden

$$K_{ep} = \sum_{n,q} K_q(b_q + b_{-q}^+)\, a_n^+(a_{n+1} + a_{n-1}); \qquad (6.5)$$

K_q ist ein Kopplungsparameter.

Zur Deutlichkeit sei explizit gesagt: Die Operatoren a_n^+, a_n; b_n^+, b_n und die Größen $\varepsilon_0, J, \omega_q$ enthalten die Gesamtinformation über die Struktur der Elektronenzustände und über die Phononenstruktur (Dispersionsrelation).

Bei der Berechnung der phonon-stimulierten Leitung treten charakteristische Korrelationssterne der Form

$$\langle a_n^+(t)\, a_m(t)\, b_q^+(t)\, a_m^+(o)\, a_n(o)\, b_q(o)\rangle \qquad (6.6)$$

auf, d. h., die Berechnung der phonon-stimulierten Leitung setzt die genaue Kenntnis der Elektronenzustände und der Phononendispersionsrelation voraus.

Es seien noch zwei weitere Arbeiten angegeben, welche die Elektron-Phonon-Wechselwirkung behandeln — aber mit anderen Methoden. *Whitfield* und *Platzman* [88] untersuchen die Elektron-Phonon-Kopplung (akustische Moden) in piezoelektrischen Kristallen. *Ginter* [89] untersucht die Beziehungen zwischen der Methode des lokalisierten Potentials in der Theorie der Elektron-Phonon-Wechselwirkung und der klassischen Gitterdynamik. Unter der oft angewendeten Methode des lokalisierten Potentials versteht man, daß das durch Phononen in einem Kristall induzierte Potential als Summe von lokalisierten Potentialen beschrieben wird. Das lokalisierte Potential ist die durch die Verschiebung eines einzelnen Kernes (Atoms, Atomgruppe) hervorgerufene Änderung des Kristallpotentials. Diese Methode sollte auch für polare Polymere von Bedeutung sein.

6.2. Exciton-Phonon-Wechselwirkung

Unter molekularen Excitonen versteht man eine kollektive Elektronenanregung in Molekularkristallen. Mit der Theorie der Excitonenzustände in Molekülkristallen beschäftigt sich *M. J. Tanaka* [90]. Die Excitonen-Band-Struktur von Polypeptiden wird von *Yomosa* u. Mitarb. [92] berechnet (vgl. auch [91]). Ein allgemeiner Ausdruck des Operators der Exciton-Phonon-Wechselwirkung in Molekülkristallen ist in linearer Näherung von *Davydov* [93] abgeleitet worden.

Philpott [94] untersucht die Auswirkungen der inneren Schwingungen eines Monomeren oder Moleküls auf das Elektronenabsorptionsspektrum eines Polymermoleküls in Helixkonformation mittels der molekularen Excitonentheorie. Es wird die Änderung der Schwingungsfrequenzen bei Elektronenanregung berechnet. Von *Stedman* [95] wird eine systematische Beschreibung der phononeninduzierten Verschiebungen von Energien der Elektronenübergänge gegeben. Die Anregung von Elektronenzuständen durch Elektron-Phonon-Wechselwirkungen in Molekülkristallen wird von *Broude* u. Mitarb. [96] am Benzol untersucht.

6.3. Optische Effekte an Phononen

6.3.1. Die Huangsche Dispersionstheorie langwelliger polarer optischer Phononen

Die Dispersion langwelliger, polarer, optischer Phononen in zweiatomigen kubischen Kristallen wurde zuerst von *Huang* untersucht [1, 100, 101]. Die Bewegungsgleichung der polaren Vibration zweier Untereinheiten ergibt sich dort zu

$$\boldsymbol{w} = b_{11}\boldsymbol{w} + b_{12}\boldsymbol{E}. \qquad (6.7)$$

Der erste Term beschreibt einen harmonischen Oszillator

$$b_{11} = -\omega_T^2; \qquad (6.8)$$

ω_T — Eigenfrequenz des Systems, z. B. in IR-Absorption.

$\boldsymbol{E}$ — ist kein äußeres elektrisches Feld, sondern das durch die Ladungsverschiebung bei der Vibration entstehende innere Feld. In dem Kopplungsterm b_{12} unterscheidet sich diese Grundgleichung von der gewöhnlichen Gitterdynamik. Die zu (6.7) entsprechende Gleichung für die makroskopische Polarisation $\boldsymbol{P}$ ergibt sich nach *Huang* zu

$$\boldsymbol{P} = b_{21}\boldsymbol{w} + b_{22}\boldsymbol{E}. \qquad (6.9)$$

Die b_{ij} sind Konstanten, die makroskopisch mit $\varepsilon_\infty = n^2$ und ε_0 verknüpft sind.

Durch die im Falle von Gl. (6.7) und (6.9) erfolgte Kopplung von elektromagnetischen Wellen mit transversalen polaren Phononen (polar bedeutet Änderung des Dipolmomentes, d. h. IR aktiv) sind starke Dispersionseffekte möglich.

Zusammen mit den *Maxwell*-Gleichungen und unter der Annahme ebener Wellen für $\boldsymbol{w}, \boldsymbol{E}, \boldsymbol{P}$ folgen aus den *Huang*-Gleichungen die Dispersionsbeziehungen für langwellige transversale (TO) und longitudinale (LO) optische Phononen.

In Bild 5 sind entsprechende Dispersionskurven dargestellt. Die TO-Mode spaltet auf und bildet einen Mischzustand zwischen elektromagnetischen und mechanischen Wellen — den sogenannten Polaritonen.

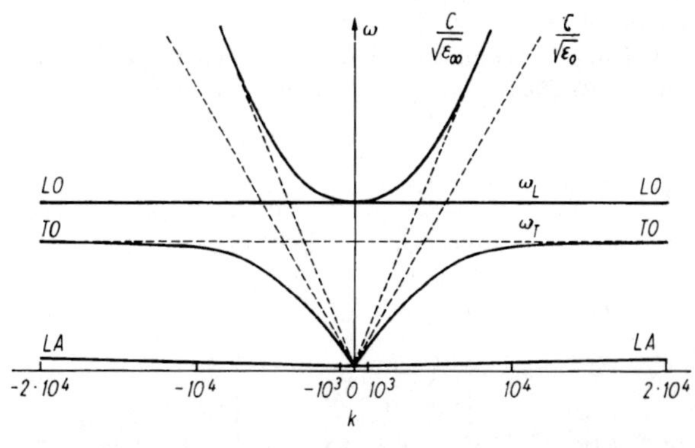

Bild 5. Die Dispersionskurven langwelliger optischer Phononen, Photonen und Polaritonen für kubisches Gitter mit 2 Atomen pro Einheitszelle. Die schrägen Geraden sind die Dispersionskurven von Photonen bei unterschiedlichem Brechungsindex $n = \sqrt{\varepsilon}$ (nach [101])

Phononen und Photonen können als Grenzfälle des Polaritons verstanden werden. (Die horizontale gebrochene Linie — mit ω_T bezeichnet — stellt die transversalen Gitterschwingungen im Falle verschwindender Kopplung dar). Die Polaritonen wurden von *Hopfield* eingeführt; in [102] gibt er einen Überblick über die damit zusammenhängenden Probleme. Von *Merten* [103] liegt die Berechnung der Polaritonen-Dispersionszweige von α-Quarz (einachsiger Kristall) nach einer verallgemeinerten *Fresnel*schen Normalgleichung vor. Von *Barentzen, Schrader* und *Merten* [126] wird gezeigt, daß die für Ionenkristalle abgeleiteten *Huang*schen Gleichungen (6.7), (6.8) analog ebenfalls für Molekülkristalle gelten — d. h. für Kristalle, die aus elektrisch neutralen Molekülen bestehen und durch *Van-der-Waals*-Kräfte untereinander gebunden sind. Die Kopplungskonstanten b_{ij} werden verifiziert. Das Problem wird für polare und nichtpolare Moleküle behandelt. Auf die Theorie von Polaritonen in Molekülkristallen wird ebenfalls von *Barentzen* [104] und *Philpott* [105] eingegangen.

Bei einachsigen Kristallen spalten die Vektoren $\boldsymbol{w}$, $\boldsymbol{P}, \boldsymbol{E}$ in zwei Komponenten auf — parallel und senkrecht zur optischen Achse. Dadurch existieren zwei verschiedene — ordinäre und extraordinäre — Phononen Polaritonen und entsprechend zwei verschiedene Dispersionsbeziehungen. Einachsige Kristalle haben die besondere Eigenschaft, daß sowohl der untere als auch der obere Polaritonenzweig in zwei Kurven aufspaltet, die zu ordinären bzw. extraordinären Polaritonen gehören.

6.3.2. *Stimulierte Ramanstreuung an Polaritonen*

Der stimulierte Ramaneffekt ist ein nichtlinearer optischer Effekt, welcher bei hohen Laser-Strahl-Leistungen (MW-Bereich) auftritt. Grundlegendes dazu in den Arbeiten von *Brandmüller* und *Schrötter* [97 bis 100] und dem neueren Standardwerk der Theorie von *Paul* [106], weiterhin [121, 122] — eine allgemeine Theorie des Ramaneffektes findet man bei *Loudon* [107]. Im Unterschied zum linearen (spontanen) Ramaneffekt werden von jeder Substanz nur ein oder zwei stimulierte Raman-Linien beobachtet, deren Intensitäten in der gleichen Größenordnung wie die des einfallenden Laserstrahles liegen (bei spontanem Effekt mehrere Größenordnungen geringer).

Wie oben angeführt, kann Polaritonen-Verhalten nur bei polaren, d. h. IR-aktiven Phononen auftreten. Ramanstreuung an Polaritonen ist deshalb nur bei Kristallen ohne Inversionszentrum möglich, da sonst das Alternativverbot zwischen IR- und Ramanaktivität gilt.

Ein umfassender Übersichtsartikel über Lichtstreuung an Polaritonen liegt von *Claus* vor [101], theoretische Fragen werden in [123] behandelt. Experimentelle Gesichtspunkte werden von *Claus* in [108] mitgeteilt. Eine der ersten Arbeiten stammt von *Henry* und *Hopfield* [109]. Polaritonenstreuquerschnitt und Dispersionsrelation werden von *Burstein, Ushioda* und *Pinczuk* [110] sowie *Obukhovskii, Ponath* und *Strizhevskii* [111] behandelt. Die Eigenfrequenzen, Eigenvektoren und Raman-Streuquerschnitte von Polaritonen werden allgemein und für $LiNbO_3$ (einachsiger Kristall) von *Borstel* und *Merten* [113] berechnet.

Aus dem (Quasi-)Impulserhaltungssatz und

$$k_i = \frac{2\pi}{c}\, n_i \nu_i \tag{6.10}$$

folgt:

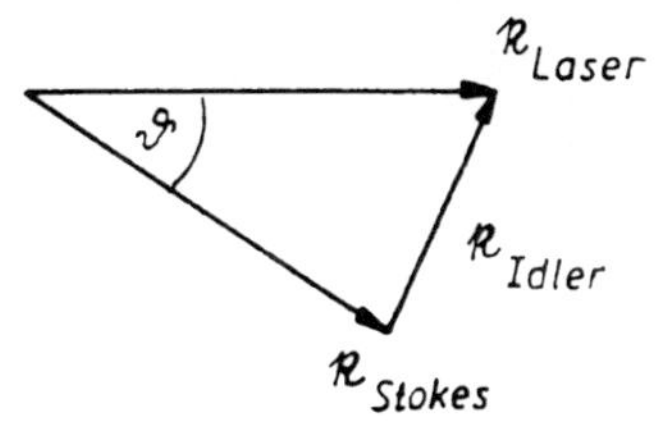

$$k_I = \frac{2\pi}{c}\left[(n_L\nu_L)^2 + (n_S\nu_S)^2 - 2n_L n_S \nu_L \nu_S \cos\vartheta\right]^{1/2}; \tag{6.11}$$

k_I ist der auf das Polariton übertragene Impuls.

Weiterhin gilt der Energieerhaltungssatz

$$\hbar\omega_L = \hbar\omega_S + \hbar\omega_I. \tag{6.12}$$

Mit Hilfe von Gl. (6.10) und (6.12) lassen sich Beziehungen

$$\omega_I = \omega_I(\boldsymbol{k}_I, \vartheta) \tag{6.13}$$

darstellen, welche die nach Energie- und Impulserhaltung möglichen Ramanstreuungen charakterisieren. Die Schnittpunkte der Graphen aus Gl. (6.13) mit den Polaritonenzweigen liefern die möglichen Punkte für Ramanstreuung bei verschiedenen Streuwinkeln ϑ. Dies ist in Bild 6 und Bild 7 dargestellt.

An Hand der Abbildungen läßt sich leicht erkennen, daß die Ramanstreuung in einem gewissen Bereich $\Delta\omega$ durch Veränderung des Streuwinkels ϑ abstimmbar wird. Weitere Angaben über abstimmbare Laser-Raman-Quellen findet man in [100, 114, 116, 117, 118].

Im Falle von zweifach entarteten Phononen/Polaritonen ist zu beachten, daß Schnittpunkte sowohl mit den unteren als auch mit den oberen Zweigen möglich sind. Lichtstreuprozesse, denen Schnittpunkte an den oberen Zweigen entsprechen, sind in der Literatur als parametrische Lumineszenz bekannt [101, 119]. Messungen an $LiNbO_3$ haben *Krindach* und *Krol* [120] durchgeführt.

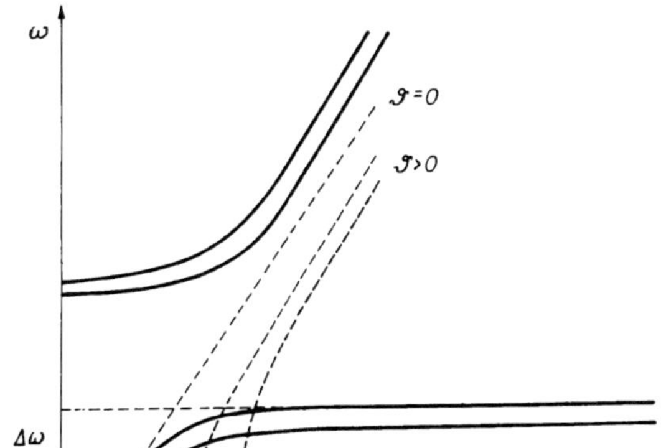

Bild 6. Polaritonenzweige und mögliche Ramanstreuung für A-Typ Phononen/Polaritonen (total symmetrisch) (nach [101])

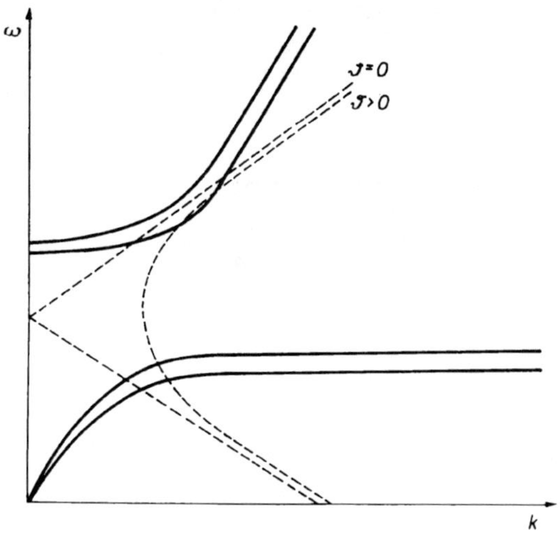

Bild 7. Polaritonenzweige und mögliche Ramanstreuung für E-Typ Phononen/Polaritonen (zweifach entartet) (nach [101])

Die Polaritonendispersionskurve $\omega(\boldsymbol{k})$ kann auch aus den IR-Reflexionsdaten bestimmt werden [115]:

$$k_p{}^2 = \frac{\omega^2}{c^2}\,\varepsilon(\nu) = 4\pi^2\nu^2\varepsilon(\nu)\,, \qquad (6.14)$$

k_p — Polariton-Mode-Wellenzahl,
ν — Frequenz in cm^{-1}
$\varepsilon(\nu)$ — komplexe Dielektrizitätskonstante,

$$\varepsilon\,(\nu) = \varepsilon_\infty + \sum_j S_j\nu_j{}^2/(\nu_j{}^2 - \nu^2 + i\nu\gamma_j),$$

S_j — Stärke des j-ten Überganges bei der Frequenz ν_j mit der Bandbreite γ_j,
ε_∞ — frequenzabhängiger Beitrag der Dielektrizitätskonstante bei Hochfrequenz.

Die Diskrepanz bei großen k_I's hängt damit zusammen, daß der größte Teil der Energie dann rein mechanisch ist und das System in der einfachen TO-mode schwingt — dies wird durch IR-Messungen nicht erfaßt.

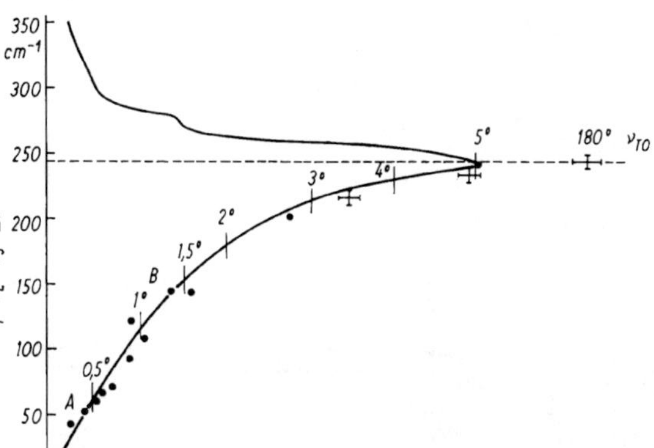

Bild 8. Dispersionskurve von $LiNbO_3$ für Polaritonen, die zu A_1 (TO) Phononen bei 248 cm^{-1} gehören, aus IR-Messungen und beobachtete stimulierte Ramanstreuung (Kreuze und Punkte) (nach [100])

Ebenso wie an den Bildern 6, 7 sieht man an Hand von Bild 8 den Variationsbereich von $\Delta\nu$ — dem Abstimmbereich der stimulierten Ramanstreuung.

Substanzen, an denen stimulierte Raman-Polaritonen-Streuung nachgewiesen werden soll, müssen folgende Eigenschaften besitzen:

a) genügend große nichtlineare Suszeptibilitäten,
b) kein Inversionszentrum,
c) starke Ionengruppen oder partielle Volumenpolarisation — bei Polymeren starke polare Gruppen —, damit ein genügend großer Kopplungsfaktor b_{12} vorliegt und sich Polaritonen ausbilden können.

Diese Bedingungen sollten von geeigneten Polymerfilmen erfüllt werden können.

6. *Literatur*

[1] *Born, M.*, und *Huang, K.:* Dynamical Theory of Crystal Lattices. Oxford, England: Claredon Press 1954.
[2] *Maradudin, A. A., Montroll, E. W.*, and *Weiss, G. M.:* Theory of Lattice Dynamics in the Harmonic Approximation. New York: Academic Press 1963.
[3] *Mitra, S. S.:* Vibration Spectra of Solids. Solid State Physics **13** (1962) S. 1–80.
[4] *Brauer, W.*, und *Streitwolf, H.-W.:* Theoretische Grundlagen der Halbleiterphysik. Berlin: Akademie-Verlag 1973.
[5] Computational Solid State Physics, Proc. Intern. Symposium 1971. Ed. by *F. Herman, N. W. Dalton* und *T. R. Koheler.* New York: Plenum Press 1972.
[6] *Bilz, H.:* Phonon Dispersion Relations in [5], S. 309 bis 323 (1972).
[7] *Zbinden, R.:* Infrared Spectroscopy of High Polymers. New York/London: Academic Press 1964.
[8] *Dechant, J.:* Ultrarotspektroskopische Untersuchungen an Polymeren. Berlin: Akademie-Verlag 1972.
[9] *Dechant, J.:* Studie über die Gitterdynamik von Polymerfestkörpern. Unveröffentlicht, 1972.
[10] *Cracknell, A. P.:* Angewandte Gruppentheorie. Berlin: Akademie-Verlag 1971.
[11] *Tobin, M. C.:* Selection rules for normal modes of chain molecules. J. Chem. Physics **23** (1955) S. 891–896.
[12] *Lauwers, H.:* Vibrational selection rules in crystals. Ind. Chim. Belg. **38** (1973) S. 274–280.
[13] *Maradudin, A. A.*, und *Vosko, S. H.:* Symmetry properties of the normal vibrations of a crystal. Rev. Mod. Phys. **40** (1968) S. 1–37.
[14] *Warren, J. L.:* Further considerations on the symmetry properties of the normal vibrations of a crystal. Rev. Mod. Phys. **40** (1968) S. 38–76.
[15] *Venkataraman, G.*, und *Sahni, V. C.:* External vibrations in complex crystals. Rev. Mod. Phys. **42** (1970) S. 409–470.
[16] *Worlton, T. G.*, und *Warren, J. L.:* Group-Theoretical Analysis of Lattice Vibrations. Computer Physics Communications **3** (1972) S. 88–117.
[17] *Bouckaert, L. P., Smoluchowski, R.*, und *Wigner, E.:* Theorie der Brillouin-Zonen und die Symmetrie-Eigenschaften der Wellenfunktionen in Kristallen. Phys. Rev. **50** (1936) S. 58. Abdruck in [10], S. 346–371.
[18] *Slater, J. C.:* Space groups and wave-function symmetry in crystals. Rev. Mod. Phys. **37** (1965) S. 68–83.
[19] *Sahni, V. C.*, und *Venkataraman, G.:* On a method of constructing irreducible multiplier representations. Phys. Kondens. Materie, Berlin **11** (1970) S. 199–211.
[20] *Sahni, V. C.*, und *Venkataraman, G.:* Irreducible multiplier representations for some points in the Brillouin Zone of D_{6h}^4. Phys. Kondens. Materie, Berlin **11** (1970) S. 212–219.
[21] *Waeber, W. B.:* Lattice vibrations of gallium metal. I. Group-theoretical analysis. J. Physics C: Sol. Stat. Physics **2** (1969) S. 882–902.
[22] *Waeber, W. B.:* II. Experimental determination of phonon dispersion relation. J. Physics C.: Sol. Stat. Physics **2** (1969) S. 903–913.

[23] *Waeber, W. B.:* A contribution to the theory of lattice vibrations. J. Physics C: Sol. Stat. Physics **5** (1972) S. 1773–1798.

[24] *Chen, S. H.:* Group-theoretical analysis of lattice vibrations in metallic β-Sn. Physical Rev. **163** (1967) S. 532–546.

[25] *Chen, S. H.*, und *Dvorak, V.:* Group theoretical analysis of lattice vibrations in molecular crystals. J. Chem. Physics **48** (1968) S. 4060–4063.

[26] *Luty, T.:* The lattice dynamics of adamantane I. Cubic phase. Acta phys. polon. A **40** (1971) S. 36–47.

[27] *Luty, T.:* II. Group-theoretical analysis of lattice vibrations in the tetragonal phase. Acta phys. polon. A **40** (1971) S. 49–61.

[28] *Luty, T.:* III. The tetragonal phase. Acta phys. polon. A **40** (1971) S. 63–71.

[29] *Luty, T.:* Lattice dynamics of biphenyl. Mol. Cryst. Liqu. Cryst. **17** (1972) S. 327–354.

[30] *Higgs, P. W.:* The vibration spectra of helical molecules: Infrared and Raman selection rules, intensities and approximate frequencies. Proc. Roy. Soc., London A **220** (1953) S. 472–485.

[31] *Wilson, E. B.:* J. Chem. Physics **7** (1939) S. 1047.

[32] *Wilson, E. B., Decius, J. C.*, und *Cross, P. C.:* Molecular Vibrations. New York: McGraw-Hill 1955.

[33] *Piseri, L.*, und *Zerbi, G.:* Dispersion curves and frequency distribution of polymers: Single chain model. J. Chem. Phyises **48** (1968) S. 3561–3572.

[34] *Piseri, L.*, und *Zerbi, G.:* J. mol. Spectroscopy **26** (1968) S. 254.

[35] *Zerbi, G.:* Molecular vibrations of high polymers. Appl. Spec. Rev. **2** (1969) S. 193–261.

[36] *Tasumi, M.*, und *Shimanouchi, T.:* Crystal vibrations and intermolecular forces of polymethylene crystals. J. Chem. Physics **43** (1965) S. 1245–1258.

[37] *Dellepiane, G., Gussoni, M.*, und *Zerbi, G.:* Symmetry properties of the kinetic energy matrix and their applications to the problems of molecular vibrations. J. Chem. Physics **53** (1970) S. 3450.

[38] *Gussoni, M.*, und *Dellepiane, G.:* On the evaluation of cartesian symmetry coordinates in molecular vibrations. Chem. Phys. Letters **10** (1971) S. 559–560.

[39] *Small, E. W., Fanconi, B.*, und *Perticolas, W. L.:* Raman spectra and the phonon dispersion of polyglycine. J. Chem. Physics **52** (1970) S. 4369–4379.

[40] *Fanconi, B. M.:* Lattice vibrations of antiparallel chain sheet structures. J. Res. Nat. Bur. Stand. A **76** (1972) S. 351–359.

[41] *Fanconi, B. M.:* Lattice dynamics of polyglycine I. J. Chem. Physics **57** (1972) S. 2109–2116.

[42] *Kitagawa, T.*, und *Miyazawa, T.:* Group theoretical treatment of crystal vibrations, applications to orthorhombic polyethylene. Bull. chemical Soc. Japan **42** (1969) S. 3437–3447.

[43] *Kitagawa, T.*, und *Miyazawa, T.:* Frequency distribution, specific heat and Young's moduli of orthorhombic polyethylene with skeletal approximation. Bull. chemical Soc. Japan **43** (1970) S. 372–379.

[44] *Pawley, G. S.:* An model for the lattice dynamics of naphthalene and anthracene. Phys. stat. sol. **20** (1967) S. 347–360.

[45] *Parlinski, K.:* Lattice dynamics of the ammonium chloride. Acta phys. polonica **35** (1969) S. 223–237.

[46] *Lutz, W. A.*, und *Halg, W.:* Lattice dynamics of deuterated anthracene. Solid State Commun. **8** (1970) S. 165–166.

[47] *Wasintynski, T.*, und *Luty, T.:* Lattice dynamics calculation for low temperature phase of solid methane. Inst. Nuclear Physics Cracow, Report Nr. 794/PS (1972).

[48] *Oliver, D. A.*, und *Walmsley, S. H.:* Torsional lattice vibrations in molecular crystals. I. Displacement coordinates and redundancies. Mol. Physics **15** (1968) S. 141–147.

[49] *Parlinski, K.:* Dynamic of the torsion vibration of molecular groups in crystal lattice. Acta phys. polonica **34** (1968) S. 1019–1036.

[50] *Tasumi, M.*, und *Krimm, S.:* Crystal vibrations of polyethylene. J. Chem. Physics **46** (1967) S. 755–766.

[51] *Marsh, D. I.*, und *Martin, D. H.:* Lattice vibrations of polyethylene. J. Physics, C: Solid State Physics **5** (1972) S. 2309–2316.

[52] *Piseri, L., Powell, B. M.*, und *Dolling, G.:* Lattice dynamics of polytetrafluoroethylene. J. Chem. Physics **58** (1973) S. 158–171.

[53] *Meshitsuka, Sh.*, u. a.: Far infrared spectra and the calculation of lattice vibrations of benzoic acid. Bull. chem. Soc. Japan **45** (1972) S. 1664–1668.

[54] *Katsura, S.*, u. a.: Lattice Greens function. Introduction. J. Math. Physics **12** (1971) S. 892–895.

[55] *Hölzl, K.*, und *Schmid, Ch.:* Phonon Green's function for polymer chains. I. Treatment of conformational defects. J. Polymer Sci., Polymer Physics Ed. **10** (1972) S. 1853–1880.

[56] *Hölzl, K.*, und *Schmid, Ch.:* II. A semianalytical method for the exact computation of the Green's function for regular polymers. J. Polymer Sci., Polymer Physics Ed. **10** (1972) S. 1881–1901.

[57] *Hölzl, K.*, und *Schmid, Ch.:* Localized and resonance modes in polyethylene below 700 cm^{-1} due to kinks and folds. J. Physic, C: Solid State Physics **5** (1972) S. L185–L187.

[58] *Hölzl, K.*, und *Schmid, Ch.:* Interpretation of defect induced features in the low frequency spectrum of polyethylene. To be published in the J. Chem. Physics.

[59] *Schmid, Ch.*, und *Hölzl, K.:* Exact phonon Green function for Kirkwood's model of polyethylene. J. Physic, C: Sol. State Physics **6** (1973) S. 2401–2421.

[60] *Hölzl, K.*, und *Schmid, Ch.:* Group theoretical aspects of conformational defects in polyethylene chains. Molec. Physics **25** (1973) S. 897–907.

[61] *Lifson, S.:* Molecular forces. Preprint vom Kolloquium der Gesellschaft für Biologische Chemie 13–15. April 1972 in Mosbach/Baden, Protein-Protein-Interactions.

[62] *Murgulescu, I. G.*, und *Trestianu, S.:* Intermolekulare Kräfte und Potentiale (Rumänisch). Studii si cercetari de chimie **20** (1972) S. 757–822.

[63] *Haverfield, M. E.*, und *Powell, D. L.:* Computer calculations of cartesian force constants. Spectrochim. **28** A (1972) S. 2269–2279.

[64] *King, W. T.*, und *Zelano, A. J.:* Sum rule for molecular frequencies. J. chem. Physics **47** (1967) S. 3197–3199.

[65] *Kitaigorodskij, A. I.:* The principle of close packing and the condition of thermodynamic stability of organic crystals. Acta Cryst. **18** (1965) S. 585.

[66] *Williams, D. E.:* Nonbonded potential parameters derived from crystalline aromatic hydrocarbons. J. Chem. Physics **45** (1966) S. 3770.

[67] *Poltev, V. I.*, und *Suchorukov, B. I.:* Ž. strukt. Chimii **9** (1968) S. 298.

[68] *Pople, J. A.*, und *Segal, G. A.:* J. chem. Physics **43** (1965) S. 136.

[69] *King, W. T.:* Calculation of atomic force constants from electron densities. J. chem. Physics **57** (1972) S. 4535–4539.

[70] *Boyd, R. J.*, und *Whitehead, M. A.:* An SCF-MO-CNDO study of equilibrium geometrics, force constants and bonding energies: CNDO/BW. Part I. Parametrisation. J. chem. Soc., Dalton, Trans. **1** (1972) S. 73–77.

[71] *Boyd, R. J.*, und *Whitehead, M. A.:* Part II. Diatomics. J. chem. Soc., Dalton, Trans. **1** (1972) S. 78–81.

[72] *Boyd, R. J.*, und *Whitehead, M. A.:* Part III. Triatomics and polyatomics. J. chem. Soc., Dalton, Trans. **1** (1972) S. 81–87.

[73] *Morita, H.*, und *Nagakura, S.:* CNDO/2 calculations and configuration analysis for some hydrogen-bonded systems. Theoret. chim. Acta, Berlin **27** (1972) S. 325 bis 338.

[74] *Bloemer, W. L.*, und *Brunner, B. L.:* Prediction of vibrational force fields using extended Huckel theory. J. Molec. Spectroscopy **43** (1972) S. 452–466.

[75] *Anderson, A. B.:* On effective molecular electronic charge densities and vibrational potential energy functions. J. Molec. Spectroscopy **44** (1972) S. 411–424.

[76] *Klein, M. L.*, und *Horton, G. K.*: The rise of self-consistent phonon theory. J. Low Temperat. Physics **9** (1972) S. 151–166.

[77] *Koehler, T. R.*: Computational aspects of anharmonic lattice dynamics. In [5], S. 339–350.

[78] *Gillis, N. S.*, und *Koehler, T. R.*: Physical Rev. B **4** (1971) S. 3971; B **5** (1972) S. 1925.

[79] *Raich, J. C.*, und *Etters, R. D.*: Soft modes in molecular crystals. J. chem. Physics **55** (1971) S. 3901–3909.

[80] *Glyde, H. R.*, und *Taylor, R.*: Physical Rev. B **5** (1972) S. 1206;
Meissner, G.: Z. Physik **247** (1971) S. 203.

[81] *Götze, W.*, und *Michel, K. H.*: Z. Physik **223** (1969) S. 199;
Beck, H., und *Meier, P. F.*: Z. Physik **247** (1971) S. 189.

[82] *Jacobi, N.*: Quantum lattice dynamics of molecular solids. I. General theory. J. chem. Physics **57** (1972) S. 2505–2515.

[83] *Jacobi, N.*, und *Schnepp, O.*: Quantum lattice dynamics of molecular solids. II. Application to the librations of solid CO_2, — N_2 and o-H_2. J. chem. Physics **57** (1972) S. 2516–2525.

[84] *Hung, S.*, und *Strauss, H. L.*: Variational formalism and intermolecular forces in OCS lattice dynamics. J. chem. Physics **58** (1973) S. 2724–2736.

[85] *Lifson, S.*, und *Warshel, A.*: Consistent force field for calculations of conformations, vibrational spectra, and enthalpies of cycloalkane and n-alkane molecules. J. chem. Physics **49** (1968) S. 5116–5129.

[86] *Gosar, P.*, und *Choi, S.*: Linear-response theory of the electron mobility in molecular crystals. Physical Rev. **150** (1966) S. 529–538.

[87] *Munn, R. W.*, und *Siebrand, W.*: Theory of electron-phonon-interaction in organic crystals. Disc. Faraday Soc. (1971) 51, S. 17–23.

[88] *Whitfield, G.*, und *Platzman, P. M.*: Simultaneous strong and weak coupling in the piezoelectric polaron. Physical Rev. B **6** (1972) S. 3987–3992.

[89] *Ginter, J.*: The localized potential method and the classical lattice dynamics. J. Physics, C: Solid State Physics **6** (1973) S. 808–818.

[90] *Tanaka, M.*, und *Tanaka, J.*: Theory of the exciton states of molecular crystals. Mol. Physics **16** (1969) S. 1–15.

[91] *Yomosa, S.*, *Miyata, T.*, und *Suzuki, H.*: Energy band structures in polypeptides. J. physical Soc. Japan **24** (1968) S. 878–884.

[92] *Yomosa, S.*, *Honda, M.*, und *Suzuki, H.*: Exciton band structures in polypeptides. J. physical Soc. Japan **26** (1969) S. 1485–1494.

[93] *Davydov, A. S.*: On the operator of exciton-phonon interaction. Phys. stat. sol. **20** (1967) S. 143–151.

[94] *Philpott, M. R.*: Theory of the coupling of electronic and vibrational excitations in molecular crystals and helical polymers. J. Chem. Physics **55** (1971) S. 2039 bis 2054.

[95] *Stedman, G. E.*: Phonon-induced shift of spectral lines. I. General theory. J. Physics, C: **5** (1972) S. 121–133.

[96] *Bronde, V. L.*, *Dolganov, V. K.*, *Slobodskoj, F. B.*, und *Sheka, E. F.*: Exitonen-Phononenwechselwirkung und Energieübertragung in Benzolkristall und in isotopenmarkierten Deuterobenzolkristallen. Izv. Akad. Nauk SSSR, Ser. fiz. **37** (1973) S. 311–317.

[97] *Brandmüller, J.*: Ramanspektroskopie mit Lasern. I. Linearer Ramaneffekt. Naturwiss. **54** (1967) S. 293 bis 297.

[98] *Schrötter, H. W.*: Ramanspektroskopie mit Lasern. II. Nichtlineare Effekte. Naturwiss. **54** (1967) S. 607 bis 612.

[99] *Schrötter, H. W.*: Beobachtung des stimulierten Ramaneffektes an Kristallpulver. Naturwiss. **54** (1967) S. 513.

[100] *Brandmüller, J.*, und *Schrötter, M. W.*: Laser Raman spectroscopy of the solid state. In: Fortschritte der chemischen Forschung. Topics in Current Chemistry, Vol. 36, S. 85–127. Berlin: Springer 1973.

[101] *Claus, R.*: Lichtstreuung an optischen Phononen und Polaritonen im Idealkristall. Phys. stat. solidi (b) **50** (1972) S. 11–32.

[102] *Hopfield, J. J.*: Aspects of polaritons. J. physical Soc. Japan **21** Suppl. (1966) S. 77–88.

[103] *Merten, L.*: Dispersion der ordentlichen und außerordentlichen Polaritonen in α-Quarz. Z. Naturforschung **24a** (1969) S. 1878–1882.

[104] *Barentzen, H.*: Vibrational excitons and polaritons in molecular crystals. J. chem. Physics **55** (1971) S. 3664–3668.

[105] *Philpott, M. R.*: Theory of vibronic coupling in the polariton states of molecular crystals. J. chem. Physics **52** (1970) S. 5842–5850.

[106] *Paul, H.*: Nichtlineare Optik, Teil 1 und 2. Berlin: 1973, Akademie-Verlag.

[107] *Loudon, R.*: Theory of the first-order Raman effect in crystals: Proc. Roy. Soc., London A **275** (1963) S. 218–232.

[108] *Claus, R.*: An experimental arrangement for the observation of light scattering by polaritons. Rev. scient. Instruments **42** (1971) S. 341–343.

[109] *Henry, C. H.*, und *Hopfield, J. J.*: Raman scattering by polaritons. Physical Rev. Lett. **15** (1965) S. 964–966.

[110] *Burstein, E.*, *Ushioda, S.*, und *Pinczuk, A.*: Raman scattering by polaritons. Solid State Commun. **6** (1968) S. 407–411.

[111] *Obukhovskii, V. V.*, *Ponath, H.* und *Strizhevskii, V. L.*: Spontaneous Raman scattering by polaritons. I. General theory. Phys. stat. Sol. **41** (1970) S. 837–846.

[112] Light Scattering in Solids. Ed. by M. Balkanski. Paris: Flamrion 1971.

[113] *Borstel, G.*, und *Merten, L.*: Eigenfrequenzen, Eigenvectors and Raman scattering cross sections of polaritons with application to $LiNbO_3$. In: [112], S. 247–252.

[114] *Puthoff, H. E.*, *Pantell, R. H.*, und *Huth, B. G.*: Tunability of the Raman laser. J. appl. Physics **37** (1966) S. 860–864.

[115] *Chacon, M. A.*: Near-forward Raman scattering in $LiNbO_3$. J. appl. Physics **39** (1968) S. 2144–2146.

[116] *Gelbwachs, J.*, *Pantell, R. H.*, *Puthoff, H. E.*, und *Yarborough, J. M.*: A tunable stimulated Raman oscillator. Appl. Physics Lett. **14** (1969) S. 258–262.

[117] *Yarborough, J. M.*, *Sussmann, S. S.*, *Puthoff, H. E.*, *Pantell, R. H.*, und *Johnson, B. C.*: Efficient, tunable optical emission from $LiNbO_3$ without a resonator. Appl. Physics Lett. **15** (1969) S. 102–104.

[118] *Johnson, B. C.*, *Puthoff, H. E.*, *Soo Hoo, J.*, und *Sussman, S. S.*: Power and linewidth of tunable stimulated infrared emission in $LiNbO_3$. Appl. Physics Lett. **18** (1971) S. 181–182.

[119] *Obukmovsky, V. V.*, *Strizhersky, V. L.*: Parametric luminescence in crystals involving polariton excitation. Z. eksperim. i teoret. fiziki **57** (1969) S. 520–528.

[120] *Krindach, D. P.*, und *Krol, L. M.*: Parametric luminescence intensity in the $LiNbO_3$ crystal. Optika i spektrosk. **30** (1972) S. 140–142.

[121] *Kielich, S.*: Nonlinear optical and electro-optical properties of dielectrics and ferroelectrics. Ferroelectrics **4** (1972) S. 257–282.

[122] *Hulm, K. F.*: Nonlinear optical crystals and their applications. Rep. Prog. Physics **36** (1973) S. 497–540.

[123] *Agranovich, N. M.*, und *Ginzburg, V. L.*: On the theory of light scattering with creation of polaritons (real excitons). In: [112] (1971), S. 226–232.

[124] *de Martini, F.*: Infrared generation by coherent excitation of polaritons in gallium phosphide. In: [112], (1971), S. 201–221.

[125] *Biroud-Laval, S.*, *Chartier, G.*, und *Reinisch, R.*: Study of optical modes in quarz by stimulated Raman effect. In: [112] (1971), S. 197–200.

[126] *Barentzen, H.*, *Schrader, B.*, und *Merten, L.*: Optical properties of lattice vibrations in molecular crystals. Phys. stat. sol. **45** (1971) S. 505–514.

[127] *Piseri, L.*: On the separation of internal and external vibrations in molecular crystals. J. Physics, C: Solid State Physics **6** (1973) S. 1521–1529.

[128] *Kitagawa, T.*: Neutron scattering and vibrational spectra of molecular crystals. Appl. Spectroscopy Rev. (1972) S. 79–134.

[129] *Lifschitz, I. M.*: Some problems of the dynamic theory of non-ideal crystal lattices. Nuovo Cimento (Suppl. 10) **4** (1956) S. 716–734.

[130] *Scott, R. A.*, und *Scheraga, H. A.*: J. chem. Physics **42** (1965) S. 2209.
[131] *Sheka, E. F.*, Ed.: Spectroscopy of molecular crystals. A bibliography for 1969. Molec. Cryst. and Liquid Cryst. **14** (1971) S. 329—380.
[132] *Sheka, E. F.*, Ed.: A Bibliography for 1970. Molec. Cryst. and Liquid Cryst. **17** (1972) S. 55—93.
[133] *Sheka, E. F.*, Ed.: A Bibliography for 1971. Molec. Cryst. and Liquid Cryst. and Liquid Cryst. **19** (1973) S. 331—378.
[134] *Lax, B.*: Solid state physics — an overview. Top. Solid State Quantum Electron. Pap. Lect. Ser. 1970 (Publ. 1972), S. 1—19. Ed. by W. D. Hershberger. New York: Wiley 1972.
[135] *Harris, F. E.*: Quantum chemistry. Ann. Rev. Phys. Chemistry **23** (1972) S. 415—438.
[136] *Amrhein, E. M.*, und *Müller, F. H.*: Zur Absorption von Polymeren im fernen Infrarot. Kolloid-Z./Z. Polymere **234** (1969) S. 1078—1082.
[137] *Frischkorn, H.*, und *Amrhein, E. M.*: Absorptionsmessungen an Polymeren im fernen IR-Gebiet. Ber. Bunsenges. phys. Chem. **74** (1970) S. 880—882.
[138] *Martin, D. H.*: Filling the spectroscopic gap between microwaves and the infrared. Contemporary Physics **4** (1973) S. 187—205.
[139] *Amrhein, E. M.*, und *Heil, H.*: Untersuchungen zur 3-Phononenabsorption in partiell kristallinen Polymeren. Kolloid-Z./Z. Polymere **241** (1970) S. 1051—1056.
[140] *Hoffmann, V.*, *Heise, B.*, und *Frank, W.*: Phononenanregung im Submillimetergebiet in amorphen und teilkristallinen Polyäthylenterephthalat. Kolloid-Z./Z. Polymere **247** (1971) S. 795—800.
[141] *Berghmans, H.*: Studie van molekuulbewegingen door inelastische diffusie van thermische neutronen. Ind. chim. belge **34** (1969) S. 727—737.
[142] *Berghmans, H.*, *Safford, G. J.*, und *Leung, P. S.*: Study of low frequency motions of extended chains in polyethylene by neutron inelastic scattering. J. Polymer Sci., A-2 **9** (1971) S. 1210—1234.
[143] *Safford, G. J.*, *Naumann, A. W.*, und *Simon, F. T.*: Neutron scattering study of the intramolecular and crystalline modes of polyethylene. J. chem. Physics **45** (1966) S. 3787—3794.
[144] *Safford, G. J.*, und *Naumann, A. W.*: Low frequency motions in polymers as measured by neutron inelastic scattering. Adv. Polymer Sci. **5** (1967) S. 1—27.
[145] *Frenzel, C. A.*, *Bradley, E. B.*, und *Mathur, M. S.*: J. chem. Physics **49** (1968) S. 3789.
[146] *Springer, T.*: Untersuchungen an Molekülbewegungen in Kristallen mittels Neutronenspektroskopie. Kolloid-Z./Z. Polymere **250** (1972) S. 993—999.
[147] *Buras, B.*: Methods of neutron spectroscopy. In: Theory of Condensed Matter. Vienna: IAEA 1968, S. 443—482.
[148] *Boffi, S.*, und *Caglioti, G.*: Lattice dynamics by neutron scattering. Energia nucleare **16** (1969) S. 369 bis 377, S. 425—436.
[149] Inelastic scattering of neutrons in solids and liquids. Vienna: IAEA 1961/1963 (Vd. I/II).
[151] Inelastic scattering of neutrons. Vienna: IAEA 1965 (Vd. I/II).
[151] Neutron inelastic scattering. Vienna: IAEA 1968 (Vd. I/II).
[152] *Schachtschneider, J. H.*, und *Snyder, R. J.*: Spectrochim. Acta **19** (1963) S. 85, 117.
[153] *Schachtschneider, J. H.*, und *Snyder, R. J.*: Spectrochim. Acta **21** (1965) S. 169.
[154] *Duncan, J. L.*: Spectrochim. Acta **20** (1964) S. 1197.

Eingegangen am 10. Juni 1974

Neue Bücher

High-Modulus Wholly Aromatic Fibers. Hgg. von *W. Bruce Black* und *J. Preston.* (Fiber Science Series. Vol. 5.) New York: Marcel Dekker 1973. XI, 372 S. Kunststoffeinb. $ 22,50.

In diesem Band werden Vorträge zusammengefaßt, die in der Makromolekularen Sektion der Frühjahrstagung 1972 der American Chemical Society gehalten wurden. Dem Polymerwissenschaftler ist das Material in einer Reihe gleichlautender Publikationen der einzelnen Vorträge im J. macromol. Sci., A: Chemistry **7** (1973) 1, bereits begegnet.

In einem einleitenden Beitrag gibt *Black* (Monsanto Textile Co., USA) einen Überblick über Hochmodulfasern (Glas, Stahl, Celluloseregeneratcord, Polyvinylalkohol, Polyäthylen) mit interessanten Vergleichen zwischen berechneten und gemessenen Anfangsmoduli. Struktur-Modul-Beziehungen (sowohl für die chemische als auch für die übermolekulare Struktur) werden für die genannten klassischen Polymermaterialien und für neue, aus der jüngsten Entwicklung in der UdSSR und in den USA hervorgegangene vollaromatische Hochmodulfasern erörtert.

In drei umfangreichen Beiträgen zur Synthese und zum Spinnen von vollaromatischen Polymeren stellt *J. Preston* (Chemstrand Research Center der Monsanto Co., USA) ca. 25 verschiedene Polymerstrukturen vor. Als Carbonsäuren in diesen Polyamidhydraziden werden Iso- oder Terephthalsäure eingesetzt, die Diaminkomponenten sind N'.N''-Diacylhydrazine auf Basis von m- oder p-Aminobenzhydrazid und Iso- oder Terephthalsäure. Über die Spinn- und Reckprozesse werden nur sehr allgemeine Angaben mitgeteilt. Die Polyamid-Hydrazid-Fasern wurden auch versuchsweise durch Cyclodehydratisierung in die entsprechenden Polyamid-1.3.4-oxadiazolfasern übergeführt. Durch diesen experimentell schwierigen und zeitaufwendigen Festphasenprozeß wurde jedoch keine Verbesserung der textilphysikalischen Werte erreicht. Da die Festigkeit der Polyamid-Hydrazid-Fasern bei 125 °C bis zu 40 Tage unverändert blieb, wurde die Entwicklung von Materialien im Pilotmaßstab auf diese Strukturen — und zwar speziell auf Poly-terephthaloyl-p-aminobenzhydrazid (PABH-T-X500) — gegründet. Die Kinetik der Lösungspolykondensationsreaktionen in Dimethylacetamid, Dimethylacetamid/Lithiumchlorid, Hexamethylphosphorsäureamid und N-Methylpyrrolidon wurde insbesondere im Hinblick auf die unterschiedlichen Reaktivitäten der NH_2- und der Hydrazidgruppe sehr sorgfältig untersucht.

Black beschreibt dann umfangreiche, vergleichende textilphysikalische Analysen von (PABH-T-X500)-Fasern, die auf verschiedene Reißdehnungen (40%, 20%, 4%) und Moduli hin ersponnen und gereckt wurden. Vergleiche werden zu S- und E-Glas, zu Stahl und zu C-Fasern geführt. Das Wärme- und Lichtalterungsverhalten sowie die Chemikalienbeständigkeit werden beschrieben. *Holland* (Chemstrand Res. Center) setzt sich mit Morphologie und Kristallstruktur der (PABH-T-X500)-Fasern auseinander, von *Burke* (Chemstrand Res. Center) werden die Ermittlung von $[\eta]$ aus η_{rel} und eine $[\eta]$-$\overline{M}$-Beziehung aus streulichtphotometrischen Messungen in Dimethylsulfoxid beschrieben.

Vier Beiträge befassen sich mit Applikationsuntersuchungen für die organischen Hochmodulfasern der Monsanto Co. Fasern, Garne und Polymerkompositionen, die unter Verwendung der schon eingangs genannten verschiedenartigen bekannten und der neuen Hochmodulmaterialien hergestellt wurden, werden verglichen. Als Matrixmaterialien der Kompositionen werden Epoxidharze, Phenol/Formaldehyd-Harze, Melamin/Formaldehyd-Harze, Polyimide und ungesättigte Polyester eingesetzt. Die Untersuchungen über die Kompositionen erfolgen unter Anwendung und Weiterentwicklung empirischer, quantitativer Struktur-Eigenschaftsparameter-Beziehungen. Der Reifencord-Einsatz des neuen Faserstoffs PABH-T-X500 wird ebenfalls gründlich und unter Angabe zahlreicher Vergleichswerte für andere Corde und für mechanische Cordmischungen (Polyamid 6.6/Glas, Polyäthylenterephthalat/Glas) untersucht. Festigkeit und Modul für alle Materialien wurden im Temperaturbereich zwischen 25 und 250 °C gemessen. Die dynamischmechanischen Eigenschaften der Fasermaterialien, von Garnen, Geweben und Laminaten aus Poly-Terephthaloyl-p-aminobenzhydrazid wurden ebenfalls sorgfältig untersucht (einschließlich elektronenmikroskopischer Stereoaufnahmen).

In einer abschließenden Erkundungsarbeit über Terephthaloylpolyamide mit jeweils zwei Diaminkomponenten werden 12 neue statistische Copolyamide vorgestellt, in denen als Partner von p-Aminobenzhydrazid bzw. von 4-Amino-p-aminobenzanilid eine Reihe weiterer Diamine verwendet wurden. Auch aus einigen dieser Polymeren konnten Fasern mit Anfangsmoduli von 500—700 p/den über Naßspinn- und Heißreckprozesse gewonnen werden. Die Reißdehnung aller dieser Fasern liegt zwischen 2 und 6%.

Das Buch ist nach Auffassung des Rezensenten für jeden von Interesse, der vor der Frage der Entwicklung einer neuen Faser für Spezialeinsatzzwecke steht. Es zeigt, mit welchem komplexen Aufwand und gleichzeitig mit welcher wissenschaftlichen Akribie ein solches Vorhaben heute betrieben werden muß, um Unterlagen für Entscheidungsvorbereitungen zur Produktionsaufnahme verfügbar zu haben. Außerdem gibt dieser Band einen ausgezeichneten Überblick über die Eigenschaften und die applikationsbezogene Leistungsfähigkeit der verschiedensten Hochmodulfasern. *G. Reinisch*

Weaving Conversion of Yarn to Fabric. Von *P. R. Lord* und *M. H. Mohamed.* Herts/England: Merrow Publ. Co. 1973. VIII, 368 S. Brosch. £ 3.75.

Dieses Buch gehört zu der von *J. Gordon Cook* herausgegebenen Reihe „Textile Technology" der „Merrow Technical Library".

Von den vielen Büchern, die über das Jahrhunderte alte Gebiet der mechanischen Weberei bereits geschrieben wurden, weicht das vorliegende Buch in beachtlicher Weise ab. Dem Leser wird — weitgehend unabhängig von speziellen Maschinenkonstruktionen — ein Überblick über die technologischen Prozesse und die Funktion der Mechanismen vermittelt, die erforderlich und in der Praxis üblich sind, um „Fäden in Gewebe zu verwandeln". Viele anschauliche perspektivische Darstellungen tragen zum Verständnis ebenso bei wie die Erklärung von Fachausdrücken sowie die Bezugnahme auf Grundlagen der Technischen Mechanik.

Von dem in 17 Abschnitte gegliederten Stoff ist etwa je $^1/_4$ der Webereivorbereitung und dem klassischen Schützenwebautomaten zum Herstellen von Flachgeweben gewidmet. Diesen Ausführungen schließt sich ein Überblick über schützenlose Websysteme an. Der Rest des Seitenumfanges verteilt sich auf die historische und technische Einführung in die Weberei, auf Grundlagen der Gewebestruktur und -bindung, auf Betrachtungen zu Kraft, Energie und Schwingungen an Webmaschinen, auf Probleme des Managements sowie auf einen bemerkenswerten Anhang. Sachregisterartig sind über 400 Fachausdrücke mit Definition zusammengestellt, wobei Bezug genommen wird sowohl auf die entsprechende Seitenzahl im Buch als auch auf ein anschließendes, nach Sachgebieten geordnetes Literaturverzeichnis, das über 250 Literaturstellen (bis zum Jahre 1970 und ausschließlich englisch) enthält.

Die Autoren haben versucht, ihre Ausführungen auf das Grundsätzliche zu beschränken. Sie geben dem Studenten eine gute Einführung in das Gebiet der Weberei und dem in der Praxis tätigen Fachmann einen Überblick. Bemerkenswert ist auch die Erklärung der Fachausdrücke, die für technische Übersetzer von Nutzen sein kann. Da in der deutschen Fachliteratur ein derartiges Lehr- und Nachschlagebuch — von Inhalt und Ausführung her — nicht bekannt ist, würde eine Übersetzung sicherlich gut aufgenommen werden und eine bestehende Lücke schließen. *H. Rothe*

Techniques of Polymer Synthesis and Characterization. Von *Dietrich Braun, Harald Cherdron* und *Werner Kern.* New York/London/Sydney/Toronto: Wiley-Interscience 1972. XIV, 282 S. Kunststoffeinb. £ 7.25.

Die zweite, überarbeitete Auflage des „Praktikums der makromolekularen organischen Chemie" aus dem Jahre 1971 liegt nun in englischer Übersetzung vor. Die Verfasser stellen das Buch dem englischsprachigen Interessenten als eine Übersicht über Grundoperationen der Polymersynthese und -charakterisierung vor und empfehlen es allen jenen als nützliches Hilfsmittel, die in der Polymerforschung tätig werden, ohne eine entsprechend spezifische Hochschulausbildung erfahren zu haben.

Es fällt dem Rezensenten schwer, die Notwendigkeit eines solchen Buches neben dem neuen „*Sorensen/Campbell*", neben „Macromolecular Synthesis" und „*Houben-Weyl* Bd. 14" für den englischsprachigen Nutzer zu begründen oder zu erklären. Das Buch ist als eine Einführung gedacht, es kann und will die beiden letztgenannten größeren Werke auch nicht annähernd ersetzen oder ergänzen. Da aber Polymerforschung heute in aller Welt in großen Forschungseinrichtungen mit den entsprechenden Bibliotheken durchgeführt wird, braucht man dem Neuling auf diesem Gebiet keine Übergangshilfe zu diesen Handbüchern anzubieten. Er muß mit ihnen, mit der „Encyclopedia of Polymer Science and Technology", mit den schon zahlreichen Monographien und Fortschrittsberichtsbänden, vor allem aber mit der Originalliteratur so schnell wie möglich unmittelbar arbeiten lernen. So bleibt nach meiner Auffassung als einzige Zielrichtung für ein Buch des vorliegenden Typs die Verwendung als Lehrmittel für ein Praktikum der präparativen Chemie der organischen Polymeren. Ein Buch mit dieser Zielstellung sollte man dann aber als reines Praktikumsbuch anlegen. Da der „*Sorensen/Campbell*" und die vorgenannten großen präparativen Handbücher und Serien die reine Polymersynthese sehr weitgehend behandeln, wäre vor allem ein Praktikumsbuch vonnöten, das sich mit Methoden zur kinetisch-mechanistischen Behandlung und Interpretation von Polymersynthesen anhand von Beispielen aus den Hauptklassen der laboratoriumsmäßigen und der technischen Syntheseprozesse befaßt. Diese Anforderung erfüllt das vorliegende Buch nicht, so war es auch in seinem Grundanliegen vor nahezu einem Jahrzehnt nicht konzipiert worden.

Es ist ein Praktikumsbuch für Grundversuche, von denen ca. 100 in Einzelheiten beschrieben werden. Auf weitere Experimente zur Polymersynthese wird in Tabellen und Zitaten verwiesen. Auf einfache physikochemische Charakterisierungsmethoden wird eingegangen. Verarbeitungsbeispiele werden in Form von Handversuchen aufgeführt. Erläuterungen zur Polymercharakterisierung und zum Reaktionsgeschehen werden im Sinne einer Einführung in die Grundlagen der makromolekularen Chemie sowohl in einleitenden Kapiteln als auch bei einzelnen Experimentalbeispielen gegeben. *G. Reinisch*

Patentschau

Auszug aus der Lieferung 4/1974 der Patentschau „Faserstoffe und Textiltechnik", Ausgabe A: Chemiefaserstoffe einschl. Polymere und organ. Ausgangsstoffe, zusammengestellt von der Abteilung Information und Dokumentation des Instituts für Polymerenchemie der AdW der DDR, 153 Teltow-Seehof, Kantstr. 55

Die Patentschau ist nach der Internationalen Patentklassifikation (IPC) gegliedert. Es bedeuten: DLP = DDR-Patent; DTP = Deutsches Bundespatent; DTA = (West)Deutsche Auslegeschrift; DTO = (West)Deutsche Offenlegungsschrift; OEP = Oesterreichisches Patent; POP = Polnisches Patent; CHP = Schweizer Patent; FRP = Französisches Patent; GBP = Britisches Patent; JAP = Japanisches Patent; SWP = Schwedisches Patent; SUP = Sowjetisches Patent; CSP = Tschechoslowakisches Patent USP = Amerikanisches Patent; A = Anmeldedatum, O. bzw. B. = Tag der Ausgabe der Patent-, Offenlegungs- bzw. Auslegeschrift.

Sektion B. Arbeitsverfahren

B 29c Formen oder Verbinden von Kunststoffen: Formen oder Verbinden von Stoffen in plastischem Zustand im allgemeinen; Verarbeiten von plastischem Altmaterial

USP 3751545. Herstellung von Spinndüsen aus Plastmaterial vermittels zu Gruppen zusammengefügter Dorne. Erf.: *Peeso jr., Bruce James* u. *Donald Murfitt.* Inh.: American Cyanamid Co., Stamford, Conn. A. 3. 9. 70, B. 7. 8. 73. Kl.: 264–162, Int. Kl.: B 29c 1/14. 7 Anspr. A.-Z.: 69250 (Zus. z. Pat. m. A.-Z.: 723696. A. 24. 4. 68).

B 29h Verfahren oder Geräte, die der Verarbeitung von natürlichem und synthetischem Kautschuk in besonderer Weise angepaßt sind

USP 3758457. Verfahren zur Rückgewinnung von Regeneratcellulose. Erf.: *James Samuel Ten Broeck jr., Robert Bruce Perry* u. *Dale Roderic Laurance* u. *John Richard Fisher*. Inh.: E. I. du Pont de Nemours and Co., Wilmington, Del. A. 25. 1. 72, B. 11. 9. 73. Kl.: 260-212, Int. Kl.: B 29h 19/00. 14 Anspr. A.-Z.: 220649. Entspr. DTO 2303672.

B 65. Fördern, Packen, Lagern; Handhaben dünner oder fadenförmiger Werkstoffe

B 65h Behandeln von dünnem oder fadenförmigem Gut, z. B. Folien, Gewebe. Kabel

USP 3751898. Verfahren zum Aufspulen von Garn. Erf.: *Sanro Inaba* u. *Masakazu Fujita*. Inh.: Teijin Ltd., Osaka (JA). A. 15. 9. 71, B. 14. 8. 73. Kl.: 57–156, Int. Kl.: B 65h 54/34, 54/00. 5 Anspr. A.-Z.: 180615 (Zus. z. Pat. m. A.-Z.: 8339. A. 3. 2. 70). Prior.: 10. 2. 69 (JA; A.-Z.: 44/9883).

Sektion C. Chemie und Metallurgie

CHEMIE

C 01. Anorganische Chemie

C 01b Nicht-metallische Elemente, Metalloide und ihre Verbindungen, außer den unter C 01c aufgeführten

FRP 2178748 (B). Verbesserte Faserstoffe aus Kohlenstoff und Verfahren zu ihrer Herstellung. Erf.: *Jean-Baptiste Donnet* u. *Helmuth Dauksch*. Inh.: Agence nationale de Valorisation de la Recherche. A. 5. 4. 72, B. 21. 12. 73. Int. Kl.: C 01b 31/00. A.-Z.: 7211897.

SUP 406 799 (Urheberschein). Verfahren zur Herstellung von Kohlenstofffäden. Erf.: *L. V. Dobašina* u. 9 weitere. A. 6. 1. 72, B. 21. 11. 73. Int. Kl.: C 01b 31/07. A.-Z.: 1735281/23–5.

USP 3762941. Modifizierung der Oberflächencharakteristika von Kohlenstoffasern. Erf.: *Kenneth C. Hou*. Inh.: Celanese Corp., New York, N. Y. A. 12. 5. 71, B. 2. 10. 73. Kl.: 117–93,1 CD, Int. Kl.: C 08f 1/22, 5/00. 21 Anspr. A.-Z.: 142656.

C 03. Glas; Mineral- und Schlackenwolle

C 03b Herstellung, Formgebung und Nachbehandlungsverfahren

FRP 2176 580 (B). Verfahren und Vorrichtung für das Schneiden von Fäden aus Mineralmaterial, besonders von Glasfäden. Inh.: Saint-Gobain. A. 24. 3. 72, B. 7. 12. 73. Int. Kl.: C 03b 37/00. A.-Z.: 7210335. Entspr. DTO 2314652.

USP 3759 680. Verfahren und Vorrichtung zur Herstellung von Glasfasern. Erf.: *Dale Kleist* u. *Carl S. Buchanan*. Inh.: Owens-Corning Fiberglas Corp. A. 14. 9. 70, B. 18. 9. 73. Kl.: 65–6, Int. Kl.: 0 03b 37/04, 37/06. 12 Anspr. A.-Z.: 71707. Entspr. DTO 2145369, u. GBP 1328 021.

C 07c Acyclische und carbocyclische Verbindungen

USP 3766 251. Acryl- und Methyacrylmonomere. Erf.: *Gerardo Caporiccio* u. *Ezio Strepparola*. Inh.: Montecatini Edison S.p.A., Mailand (IT). A. 21. 1. 71, B. 16. 10. 73. Kl.: 260–486 H, Int. Kl.: C 07c 69/54. 4 Anspr. A.-Z.: 108573. Prior.: 24. 1. 70 (IT; A.-Z.: 19750/70). Entspr. FRP 2076881.

USP 3769 322. Kontinuierliches Verfahren zur Herstellung von Bis-(β = hydroxyäthyl)-terephthalat. Erf.: *Kisaburo Yamagami, Kichiji Enoki Toshiyuki Tani, Shiro Akimoto* u. *Jiro Futakuchi* u. *Hajimo Tayagaki* Inh.: Nippon Soda Kabushiki Kaisha, Tokio-to (JA). A. 29. 1. 71, B 30. 10. 73. Kl.: 260–475 P, Int. Kl.: C 07c 69/82. 8 Anspr. A.-Z.: 111129 (Zus. z. Pat. m. A.-Z.: 693930. A. 27. 12. 67). Prior.: 30. 12. 66, 21. 1. 67, 17. 3. 67) JA; A.-Z.: 42/85805, 42/3868, 42/16389). Entspr. DLP 69361, DTO 1668511 u. CHP 500159.

C 07d Heterocyclische Verbindungen: die nur Sauerstoff als Heteroatom oder -atome enthalten

DTO 2332 982. Verfahren zur Herstellung von reinem Lactam aus dessen primären Lösungen in organischen Lösungsmitteln. Erf.: *Roberto Mattone, Giancarlo Sioli* u. *Luigi Giuffre*. Anm.: Snia Viscosa Societa Nazionale Industria Applicazioni Viscosa S.p.A., Mailand (IT). A. 28. 6. 73, B. 10.1. 74. Kl.: 12p, 5, Int. Kl.: C 07d 41/00. A.-Z.: P 2332982. Prior.: 28. 6. 72 (IT. A.-Z.: 26385 A/72).

C 08. Makromolekulare Verbindungen; ihre Herstellung und chemische Verarbeitung; auf diesen Verbindungen beruhende Gemische

C 08b Polysaccharide und deren Derivate

USP 3755297. Kontinuierliches Verfahren zur Herstellung von sekundärem Celluloseester. Erf.: *Kenneth C. Campbell, James M. Davis, Gary E. Frye* u. *Robert E. Woods*. Inh.: Celanese Corp., New York, N. Y. A. 30. 6. 71, B. 28. 8. 73. Kl.: 260–227, Int. Kl.: C 08b 3/06. 4 Anspr. A.-Z.: 158607.

C 08f Polymerisationsprodukte

DTO 2331 895. Verfahren zur Entfernung von restlichem, im Polmerisat vorhandenem Vinylchlorid. Erf.: *Jean Golstein, Guillaume Coppens* u. *Jean Claude Davoine*. Anm.: Solvay & Cie., Brüssel (BE). Al 22. 6. 73, B. 31. 1. 74. Kl.: 39 b4, 1/96, Int. Kl.: C 08f 1/96. A.-Z.: P 2331895. Prior.: 19. 7. 72, 29. 12. 72 (BE; A.-Z.: 120023, 125979).

OEP 312921. Verfahren zur Herstellung von vulkanisierbaren amorphen olefinischen Terpolymeren. Erf.: *Sebastiano Cesca, Arnaldo Roggero* u. *Ermanno Cinelli*. Inh.: Snam Progetti S.p.A., Mailand (IT). A. 18. 12. 69, B. 15. 5. 73. Kl.: 39b, 12, Int. Kl.: C 08f 1/28. A.-Z.: 11785/69. Prior.: 18. 12. 68 (IT; A.-Z.: 25239 A/68). Entspr. FRP 2026452.

OEP 312923. Verfahren zur Herstellung von neuen vulkanisierbaren amorphen olefinischen Terpolymeren. Erf.: *Sergio Arrighetti, Arnaldo Roggero, Eugenio Vajna* u. *Sebastiano Cesca*. Inh.: Snam Progetti S.p.A., Mailand (IT). A. 22. 1. 71, B. 15. 5. 73. Kl.: 39b, 12, Int. Kl.: C 08f 1/28. A.-Z.: 544/71. Prior.: 22. 1. 70 (IT; A.-Z.: 19659 A/70). Entspr. DTO 2102971.

OEP 312 924. Verfahren zur Herstellung von neuen vulkanisierbaren amorphen olefinischen Terpolymeren. Erf.: *Sergio Arrighetti, Arnaldo Roggero, Eugenio Vajna* u. *Sebastiano Cesca*. Inh.: Snam Progetti S.p.A., Mailand (IT). A. 22. 1. 71, B. 15. 5. 73. Kl.: 39b, 12, Int. Kl.: C 08f 1/28, A.-Z.: 558/71. Prior.: 22. 1. 70 (IT; A.-Z.: 19653 A/70, 19655 A/70). Entspr. DLP 91556.

OEP 312 925. Verfahren zur Herstellung von neuen vulkanisierbaren amorphen olefinischen Terpolymeren. Erf.: *Sergio Arrighetti, Arnaldo Roggero, Eugenio Vajna* u. *Sebastiano Cesca*. Inh.: Snam Progetti S.p.A., Mailand (IT). A. 22. 1. 71, B. 15. 5. 73. Kl.: 39b, 12, Int. Kl.: C 08 f 1/28. A.-Z.: 560/71. Prior.: 22. 1. 70 (IT; A.-Z.: 19657 A/70).

FRP 2177480 (B). Verfahren zur Polymerisation von äthylenisch ungesättigten Monomeren im Fluidbett. Inh.: Solvay & Cie. A. 7. 3. 72, B. 14. 12. 73. Int. Kl.: C 08f 1/00, 3/00, 15/00. A.-Z.: 7207 951. Entspr. DTO 2301 859.

CSP 152084. Verfahren zur Herstellung von Katalysatoren für Äthylenpolymerisation oder -copolymerisation von Äthylen mit α-Olefinen und/oder Dienen. Erf.: *Adolfo Mayr, Ermanno Susa, Antonio Leccese, Velmore Davoli* u. *Ettore Giachetti*. A. 19. 6. 70, B. 5. 7. 73. Kl.: 39b, 25/01, Int. Kl.: C 08f 3/06. A.-Z.: 4320/70. Prior.: 27. 6. 69, 20. 6. 69 (IT; A.-Z. 18823 A/69, 18462 A/69). Entspr. OEP 302648, FRP 2052706 u. GBP: 1310 547.

OEP 312 926. Verfahren zur Polymerisation von Olefinen. Inh.: Solvay & Cie., Brüssel (BE). A. 20. 10. 71, B. 15. 5. 73. Kl.: 39b, 12, Int. Kl.: C 08f 1/28. A.-Z.: 9081/71. Prior.: 20. 10. 70 (LU; A.-Z.: 61899). Entspr. DLP 92124, DTO 2146687, CHP 533646, FRP 2111405 u. GBP 1315 770.

CSP 153072. Verfahren zur Herstellung von Katalysatoren für die Äthylenpolymerisation oder -copolymerisation von Äthylen mit α-Olefinen und/oder Dienen. Erf.: *Paolo Longi, Umberto Giannini* u. *Romano Mazzocchi*. A. 20. 3. 70, B. 5. 7. 73. Kl.: 39c, 25/01, Int. Kl.: C 08f 3/06. A.-Z.: 1882/70. Prior.: 21. 3. 69 (IT; A.-Z.: 14 382 A/69). Entspr. DLP 84732, OEP 304068, FRP 2039 686, GBP 1299532 u. SUP 379096.

USP 3752796. Herstellung eines neuen Polytetrafluoräthylens in Gegenwart eines Fluorcarbonsäuresalzes als Dispersionsmittel und von Octafluorcyclobutan. Erf.: *Max B. Mueller, Peter B. Salatiello* u. *Dulari L. Sawhney*. Inh.: Allied Chemical Corp., New York, N. Y. A. 19. 11. 70, B. 14. 8. 73. Kl.: 260–92,1, Int. Kl.: C 08f 3/24. 8 Anspr. A.-Z.: 91046. Entspr. DTO 2157170 u. FRP 2126 978.

OEP 312 933. Verfahren zur Herstellung von homogenen Polymeren. Erf.: *Christos Papantoniou* u. *Quintino Gaetani*. Inh.: L'Oréal, Paris (FR). A. 28 6. 71, B. 15. 5. 73. Kl.. 39b, 14, Int. Kl.: C 08f 15/02. A.-Z.: 5570/71. Prior.: 29. 6. 70 (LU; A.-Z.: 61221). Entspr. DTO 2132027, FRP 2098076, S. 628/72, u. GBP 1323 028.

USP 3755279. Copolymerisation von α-Olefinen mit sterisch gehinderten Alkenylaminen unter Verwendung von Ziegler-Katalysatoren. Erf.: *Arthur W. Langer jr.* u. *Raymond R. Haynes*. Inh.: Esso Research and Engineering Co., Linden, N. J. A. 25. 6. 65, B. 28. 8. 73. Kl.: 260–88,1 PN, Int. Kl.: C 08f 15/00, 45/66. 5 Anspr. A.-Z.: 467109. Entspr. DTO 1595576.

USP 3759849. Vernetzte Acrylfasern und -filme durch Copolymerisation von Acrylnitril, ungesättigten Monomeren mit halogenierten s-Triazinylgruppen und Protein. Erf.: *Akira Yamamoto, Kunio Nakoji, Kunio Oohara, Zenjiro Momiyama, Heiichiro Murakami* u. *Akira Tomita*. Inh.: Toyo Boseki Kabushiki Kaisha. A. 26. 7. 71, B. 18. 9. 73. Kl.: 260–8, Int. Kl.: C 08f 15/40, C 08h 7/00. 4 Anspr. A.-Z.: 166 313 (ausgesch. aus Pat. m. A.-Z.: 753 515. A. 19. 8. 68). Prior.: 2. 9. 67, 22. 12. 67 (JA; A.-Z.: 42/56502, 42/82509). A.-Z.: 56502 vgl. auch USP 3626049. Entspr. FRP 1603 742 u. GBP 1227 410.

SUP 407923 (Urheberschein). Polymerkomposition. Erf.: *G. F. Ignatova* u. 6 weitere. A. 27. 12. 71, B. 10. 12. 73. Int. Kl.: C 08f 29/22. A.-Z.: 1730550/23–5.

USP 3753945 (ausgesch. aus Pat. 3639538. A. 31. 1. 69, B. 1. 2. 72. A.-Z.: 795696). Stabilisierte Kompositionen. Erf.: *Eduard K. Kleiner*. Inh.: Ciba-Geigy Corp. A. 12. 3. 71, B. 21. 8. 73. Kl.: 260–45,85 H, Int. Kl.: C 08f 45/58, C 08g 51/58. 8 Anspr. A.-Z.: 123819. A.-Z.: 795696 entspr. FRP 2029792 u. GBP 1283105.

C 08g Polykondensations- und Polyadditionsprodukte

DTO 2233 813. Verfahren zur Herstellung von Copolymeren des Trioxans und daraus hergestellte Formmasse. Erf.: *Günter Sextro, Karl-Heinz Burg, Rudolf Kern, Heinz Schmidt* u. *Ernst Wolters*. Anm.: Farbwerke Hoechst AG vorm. Meister Lucuis & Brüning, 6000 Frankfurt (DT). A. 10. 7. 72, B. 31. 1. 74. Kl.: 39b5, 1/12, Int. Kl.: C 08g 1/12. A.-Z.: P 2233813.

USP 3763106. Durch Umsetzung von Harnstoff mit einem Aminoalkohol oder Diamin und nachfolgende Methylolierung mit Formaldehyd hergestellte Polymere. Erf.: *Kenneth H. Markiewitz*. Inh.: Atlas Chemical Industries, Inc., Wilmington, Del. A. 28. 11. 69, B. 2. 10. 73. Kl.: 260–69 R, Int. Kl.: C 08g 9/10 9/18. 9 Anspr. A.-Z.: 880892. Entspr. DTO 2058317.

CHP 546264. Verfahren zur ontinuierlichen Massenpolymerisation eines β-Lactons. Erf.: *Paul Joseph Alexandre Desgurse* u. *Harm Philippus Rogaar*. Inh.: Shell Internationale Research Maatschappij N. V., 30, Carel van Bylandtlaan, Den Haag (NL). A. 9. 3. 70. Int. Kl.: C 08g 17/017. A.-Z.: 3439/70. Prior.: 10. 3. 69 (NL; A.-Z.: 6903 704). Entspr. DTO 2011063, FRP 2037819, GBP 1261153 u. USP 3669940.

USP 3756988. Herstellung von Polyestern aus Acyloxyäthylterephthalaten. Erf.: *John Kollar* u. *Joseph Pugach*. Inh.: Halcon International Inc. A. 16. 12. 71, B. 4. 9. 73. Kl.: 260–75M, Int. Kl.: C 08g 17/003, 17/01. 10 Anspr. A.-Z.: 208936. Entspr. DTO 2261565 u. FRP 2163651.

USP 3763109. Thermoplastische Blockcopolyester. Erf.: *William K. Witsiepe*. Inh.: E. I. du Pont de Nemours and Co., Wilmington, Del. A. 19. 8. 71, B. 2. 10. 73. Kl.: 260–75R, Int. Kl.: C 08g 17/08. 16 Anspr A.-Z.: 173230. Entspr. DTO 2240801.

USP 3766146. Thermoplastische Blockcopolyester-Elastomere. Erf.: *William K. Witsiepe*. Inh.: E. I. du Pont de Nemours and Co., Wilmington, Del. A. 18. 3. 71, B. 16. 10. 73. Kl.: 260–75R, Int. Kl.: C 08g 17/08. 9 Anspr. A.-Z.: 125860. Entspr. DTO 2213128 u. FRP 2130378.

DTO 2335 833. Verfahren zu der Herstellung gekörnten oder pulvrigen Polyamids. Erf.: *Wilhelmus Petrus Wolvers* u. *Jean Marie Martinus Warnier*. Anm.: Stamicarbon B. V., Geleen (NL). A. 13. 7. 73, B. 31. 1. 74. Kl.: 39b5, 20/10, Int. Kl.: C 08g 20/10. A.-Z.: P 2335833. Prior.: 15. 7. 72 (NL; A.-Z.: 7209838).

FRP 2177465 (B). Färben von linearen Polymeren durch Polykondensation mit Pigmenten. Erf.: *Philippe Gangneux*. Inh.: Produits Chimiques, Ugine Kuhlmann. A. 7. 2. 72, B. 14. 12. 73. Int. Kl.: C 08g 20/00, 51/00 C 09b 62/00. A.-Z.: 7203976. Entspr. DTO 2305552.

USP 3753957. Verfahren zur Herstellung von aromatischen Polyamiden durch Kondensation eines aromatischen Esters einer aromatischen Aminosäure. Erf.: *Rufus Sidney Jones*. Inh.: Celanese Corp., New York, N. Y. A. 9. 12. 71, B. 21. 8. 73. Kl.: 260–78A, Int. Kl.: C 08g 20/00. 13 Anspr. A.-Z.: 206491. Entspr. DTO 2258567 u. FRP 2162633.

USP 3755266. Lactampolymerisation mit Amid-Initiatoren. Erf.: *Markus Matzner, Walter T. Reichle, Chow Sui-Wu* u. *James E. McGrath*. Inh.: Union Carbide Corp., New York, N. Y. A. 11. 11. 71, B. 28. 8. 73. Kl.: 260 – 78 L, Int. Kl.: C 08g 20/18. 8 Anspr. A.-Z.: 197933 (Teil v. Pat. m. A.-Z.: 183700. A. 24. 9. 71; Zus. z. Pat. m. A.-Z.: 26128. A. 6. 4. 70). Vgl. auch USP 3759876, A.-Z.: 26128 entspr. FRP 2085872.

USP 3763077. Verfahren zur anionischen Polymerisation von ε-Caprolactam in Gegenwart eines Weichmachers. Erf.: *Etio Eusebi* u. *Joseph B. Nowell*. Inh.: General Motors Corp., Detroit, Mich. A. 22. 2. 71, B. 2. 10. 73. Kl.: 260 – 33,2 R, Int. Kl.: C 08g 20/18, 20/38, 51/34. 3 Anspr. A.-Z.: 117754.

GBP 1341089. Herstellung von Polyurethanverbindungen. Inh.: Takeda Yakuhin Kogyo K. K. A. 21. 12. 71, B. 19. 12. 73. Kl.: C3.R, C3.A, Int. Kl.: C 08g 22/22, 22/42, C 08b 3/02, 3/14. A.-Z.: 59371/71. Prior.: 28. 12. 70 (JA; A.-Z.: 124073). Entspr. DTO 2165023 u. USP 3730953.

USP 3753953. Hydrolysebeständige Polyesterurethanfäden und ihre Herstellung. Erf.: *Cornelis Jan Leeuwerik, Franciscus Johannes Huntjens* u. *Martinus Franciscus Cornelis*. Inh.: AKZA N. V., Arnhem (NL). A. 11. 6. 71, B. 21. 8. 73. Kl.: 260 – 75 NK, Int. Kl.: C 08g 22/10. 8 Anspr. A.-Z.: 152389. Prior.: 13. 6. 70 (NL; A.-Z.: 7008680). Entspr. DTO 2129099, FRP 2095233 u. GBP 1303770.

USP 3758443. Verfahren zur Herstellung von Polyurethanelastomeren aus einem speziellen Polyolpolycarbonat. Erf.: *Klaus Konig, Erwin Muller* u. *Cornelius Muhlhausen* u. *Uwe Jens Dobereiner*. Inh.: Bayer AG, Leverkusen (DT). A. 24. 4. 72, B. 11. 9. 73. Kl.: 260 – 75 NP, Int. Kl.: C 08g 22/10, 17/13. 5 Anspr. A.-Z.: 247212 (Zus. z. Pat. m. A.-Z.: 98928. A. 16. 12. 70).

USP 3759889 (ausgesch. aus Pat. 3661803). A. 15. 1. 70. A.-Z.: 3199). Polymerisation von Äthylen in Gegenwart eines Nickelkomplexkatalysators mit einem Glykolsäure-, Thioglykolsäure- oder Thiomilchsäureliganden. Erf.: *Ronald Bauer, Harold Chung, Wilhelm Keim* u. *Henry Van Zwet*. Inh.: Shell Oil Co., New York, N. Y. A. 16. 9. 71, B. 18. 9. 73. Kl.: 260 – 94,9,C, Int. Kl.: C 08f 1/74, 3/06. 12 Anspr. A.-Z.: 181264. A.-Z.: 3199 entspr. DTO 2101391 u. FRP 2075493.

USP 3761465. Verfahren zum Polymerisieren von ungesättigten polymerisierbaren Verbindungen. Erf.: *Kazuo Saito* u. *Shoji Okami*. Inh.: Kanegafuchi Kagaku Kogyo Kabushiki Kaisha, Nakanoshima, Kita-ku, Osaka (JA). A. 24. 1. 72, B. 25. 9. 73. Kl.: 260 – 87,3, Int. Kl.: C 08f 1/28, 1/56. 16 Anspr. A.-Z.: 220420 (Zus. z. Pat. m. A.-Z.: 792894. A. 30. 12. 68). Prior.: 30. 12. 67, 9. 4. 68 (JA; A.-Z.: 43/85227, 43/23561). Entspr. DTO 1806940, FRP 1597917 u. GBP 1225843.

JAP 7303715. Kontinuierliche Polymerisation von Polyestern. Erf.: *Naoji Komatsu, Tohru Watanabe, Motoo Hasegawa, Osamu Yamada* u. *Yasuo Kobayashi*. Inh.: Unitika Co. Ltd. A. 29. 8. 63, B. 1. 2. 73. Int. Kl.: C 08g. A.-Z.: 6346049.

JAP 7303717. Polyesterharze. Erf.: *Shigeru Matsumura, Nobuzuki Asano* u. *Munetaka Kawaguchi*. Inh.: Sumitomo Electric Industries, Ltd. A. 5. 7. 67, B. 1. 2. 73. Int. Kl.: C 08g, H 01b. A.-Z.: 6743547.

JAP 7332994. Polyester mit hohem Polymerisationsgrad. Erf.: *Masana Yanagi, Kaizo Sano* u. *Itaru Nakamura*. Inh.: Toray Industries, Inc. A. 3. 9. 71, B. 4. 5. 73. Kl.: 26(5) D 122. A.-Z.: 7167384.

JAP 7338394. Modifizierte Polyester. Erf.: *Yoshiharu Ninami* u. *Kazuo Watanabe*. Inh.: Toyobo Co. Ltd. A. 18. 9. 71, B. 6. 6. 73. Kl.: 26(5) D 111. A.-Z.: 7172628.

USP 3753950. Polysulfonatpolymere aus Adamantan-Bisphenolen und Bisulfonylchloriden aromatischer substituierter Äther. Erf.: *Robert M. Thompson* u. *Irl N. Duling*. Inh.: Sun Research and Development Co., Philadelphia, Pa. A. 30. 12. 71, B. 21. 8. 73. Kl.: 260 – 49, Int. Kl.: C 08g 17/08, 17/13. 6 Anspr. A.-Z.: 214408.

USP 3755251. Herstellung von Polyäthylenterephthalatpolyester. Erf.: *Joseph Donald Decaprio, Brian Armstead Dementi* u. *Stanley David Lazarus*. Inh.: Allied Chemical Corp., New York, N. Y. A. 28. 2. 72, B. 28. 8. 73. Kl.: 260 – 45,95 R, Int. Kl.: C 08g 17/08, 51/58. 9 Anspr. A.-Z.: 23008 5.

USP 3761451. Aminosäure/Urethanpolymer-Lösungen und -Formgegenstände. Erf.: *Yasuo Fujimoto* u. *Masazuki Teranishi*. Inh.: Kyowa Kakko Kogyo Co., Ltd., Tokio (JA). A. 14. 5. 71, B. 25. 9. 73. Kl.: 260 – 77,5 CA, Int. Kl.: C 08g 22/00. 13 Anspr. A.-Z.: 143636. Prior.: 20. 5. 70 (JA; A.-Z.: 45/42410). Entspr. DTO 2124042.

USP 3766148. Polyurethanelastomere aus 4,4-Methylen-bis(cyclohexylisocyanat), einem Polyol und Methylendianilin. Erf.: *Bernard Taub*, Inh.: Allied Chemical Corp., New York, N. Y. A. 17. 5. 71, B. 16. 10. 73. Kl.: 260 77,5 AM, Int. Kl.: C 08g 22/24. 14 Anspr. A.-Z.: 144210.

USP 3755216. Verfahren zum Polymerisieren von cyclischen Äthern unter Verwendung eines Katalysators, der aus einem Reaktionsprodukt eines Metallalkoholats mit einem Kohlenwasserstoffxanthat besteht. Erf.: *Anne C. Udding*. Inh.: Shell Oil Co., New York, N. Y. A. 23. 7. 71, B. 28. 8. 73. Kl.: 260 – 2A, Int. Kl.: C 08g 23/14. 9 Anspr. A.-Z.: 165706. Prior.: 16. 9. 70 (NL; A.-Z.: 7013718).

USP 3766141. Flexibilitätserhöhende Gruppen in der Polymerkette enthaltende Polychinoxaline. Erf.: *Joseph M. Augl* u. *Wolfgang J. Wrasidlo*. Inh.: United States of America, Secretary of the Navy. A. 27. 9. 71, B. 16. 10. 73. Kl.: 260 – 47 R, Int. Kl.: C 08g 33/02. 9 Anspr. A.-Z.: 184194.

OEP 312938. Verfahren und Vorrichtung zur Behandlung von Polymeren mittlerer und hoher Viskosität. Inh.: Snia Viscosa Società Nazionale Industria Applicazioni Viscosa, Mailand (IT). A. 9. 6. 69, B. 15. 5. 73. Kl.: 39b, 22, Int. Kl.: C 08g 35/00. A.-Z.: 5442/69. Prior.: 8. 6. 68 (IT; A.-Z.: 17511 A/68). Entspr. CHP 532102.

SUP 407982 (Urheberschein). Avivagemittel für Stapelfasern. Erf.: *I. G. Bulanova*, u. 9 weitere. A. 22. 9. 71, B. 10. 12. 73. Int. Kl.: D 01f 9/06, D 06m 13/20. A.-Z.: 1701058/23 – 5.

USP 3769260. Schlagfeste Polyäthylenterephthalat-Kompositionen. Erf.:, *Leon Segal*. Inh.: Allied Chemical Corp., New York, N. Y. A. 13. 6. 72. B. 30. 10. 73. Kl.: 260 – 40 R, Int. Kl.: C 08d 9/10. 10 Anspr. A.-Z.: 262428

JAP 7307279. Urethanelastomeres. Erf.: *Takuo Kawaguchi, Shoji Kurozaki* u. *Katsuhiro Hioki*. Inh.: Kuraray Co. Ltd. A. 27. 11. 67, B. 3. 3. 73. Klt. Kl.: C 08g, D 01f. A.-Z.: 6776076.

USP 3763065. Thixotrope Kombination. Erf.: *Ernst Herrmann*. Inh.: Hager & Kassner KG, Hamm (DT). A. 16. 9. 70, B. 2. 10. 73. Kl.: 260 – 22 TN, Int. Kl.: C 08g 41/04. 9 Anspr. A.-Z.: 72820.

USP 3758631. Polycaprolactam-Blockcopolymere mit Polyestern. Erf.: *Byron H. Werner* u. *Robert A. Hayes*. Inh.: The Firestone Tire & Rubber Co., Akron, Ohio. A. 12. 7. 71, B. 11. 9. 73. Kl.: 260 – 830 P, Int. Kl.: C 08g 45/12. 10 Anspr. A.-Z.: 161964.

USP 3763093 (ausgesch. aus Pat. 3531483. A. 27. 4. 70. A.-Z.: 32435). Alkylhydroxyphenylcarboalkoxy-substituierte Stickstoff-Heterocyclen als Stabilisatoren für organisches Material gegen oxydativen, thermischen und photochemischen Abbau. Erf.: *George Kletecka* u. *Peter D. Smith*. Inh.: The. B F. Goodrich Co. A. 10. 2. 72, B. 2. 10. 73. Kl.: 260 – 45,8 N, Int. Kl.: 48f/5 C 060. 17 Anspr. A.-Z.: 225341.

C 08k Zusatzstoffe für allgemeine Anwendung

DTO 2230790. Thermoplastische Kunststoff-Formmassen, die unter Lichteinwirkung beschleunigt abbauen. Erf.: *Dietrich Sänger* u. *Helmut Barzynski*. Anm.: BASF AG, 6700 Ludwigshafen (DT). A. 23. 6. 72, B. 31. 1. 74. Kl.: 39b8, 1/20, Int. Kl.: C 08k 1/20. A.-Z.: P 2230790.

USP 3756983 (ausgesch. aus Pat. 3719692. A. 8. 7. 70, B. 6. 3. 73. A.-Z.: 53315). Phenylen-bis-(aminosubstituierte-benzoat)-UV-Absorber für Polymere. Erf.: *Reginoldus Havinga* u. *Pieter Dirk Swaters*. Inh.: Koninklijke Industrieele Maatschappij Noury & van der Lande N. V., Deventer (NL). A. 14. 9. 72, B. 4. 9. 73. Kl.: 260 – 45,85 A, Int. Kl.: C 08b 27/68, C 08f 45/60, C 08g 51/60. 7 Anspr. A.-Z.: 289055. Prior.: 24. 7. 69 (NL; A.-Z.: 6911367). Entspr. OEP 305642, FRP 2055392 u. GBP 1275831.

Sektion D Textilien und Papier

TEXTILIEN

D 01. Natürliche oder künstliche Fäden oder Fasern; Spinnen

D 01d Mechanische Verfahren und Vorrichtungen für die Herstellung von künstlichen Fäden, Gespinsten, Fasern, Borsten oder Bändern

DLP 103272. Spinndüse. Erf. u. Inh.: *Hermann Döbert, Werner Freiberg, Ehrhardt Kölbel, Dieter Nagel, Bernd-Jürgen Sinom* u. *Ingbert Viertel*. A. 28. 3. 73, B. 12. 1. 74. Kl.: 29a, 6/10, Int. Kl.: D 01d 3/00. A.-Z.: WP D 01d/169774).

JAP 7301964. Spinndüse. Erf.: *Katsuya Futamura* u. *Takeshi Ohno*. A. 3. 4. 70, B. 22. 1. 73. Int. Kl.: S 01d. A.-Z.: 7027886.

JAP 7302565. Verbundfaserstoffe. Erf.: *Takeshi Inoue*. Inh.: Kuraray Co. Ltd. A. 26. 4. 68, B. 25. 1. 73. Int. Kl.: D 01f. A.-Z.: 6828158.

USP 3769149. Verfahren zur Herstellung von Acryl-Bikomponentenfäden und die Bikomponentenfäden. Erf.: *Hiroshi Kanno* u. *Kazuo Okamoto*. Inh.: Kanegafuchi Boseki Kabushiki Kaisha, Tokio (JA). A. 28. 5. 71, B. 30. 10. 73. Kl.: 161 – 172, Int. Kl.: D 01d 5/22. 5 Anspr. A.-Z.: 147963. Prior.: 3. 6. 70 (JA; A.-Z.: 45/48264). Entspr. DTO 2127617.

D 01f Chemische Gesichtspunkte bei der Herstellung von künstlichen Fäden, Gespinsten, Fasern, Borsten oder Bändern

DTO 2229800. Glanzstabilisierte Fasern und Filme aus Acrylnitrilcopolymerisaten. Erf.: *Günter Lorenz, Siegfried Korte* u. *Carlhans Süling*. Anm.: Bayer AG, 5090 Leverkusen. A. 19. 6. 72, B. 17. 1. 74. Kl.: 29b, 3/65, Int. Kl.: D 01f 7/02. A.-Z.: P 2229800.

FRP 2178956 (B). Verfahren zur Herstellung von Polyamiden mit verbesserter antistatischen Eigenschaften zur Verwendung für Textilien oder Fäden und die aus diesen Polyamiden erhaltenen Textilien. Inh.: Snia Viscosa Societa Nazionale Industria Applicazioni Viscosa S.p.A. A. 30. 3. 73, B. 21. 12. 73. Int. Kl.: D 01f 7/04, H 05f 1/00. A.-Z.: 7311568. Prior.: 31. 3. 72 (IT; A.-Z.: 22748 A/72). Entspr. DTO 2315990.

JAP 7201696. Mit basischen Farbstoffen anfärbbare Polyamidfaserstoffe. Erf.: *Mitsuru Sakata, Akio Sasaki* u. *Tsuyoshi Nakamura*. Inh.: Yunichika Co. Ltd. A. 18. 1. 68, B. 18. 1. 72, Int. Kl.: C 08g, k, D 01f, D 06p. A.-Z.: 682777. Entspr. DTO 1770195 u. FRP 1574077.

USP 3763299. Trockenspinnverfahren für hohle Acetatfasern. Erf.: *Stephen W. So*. Inh.: FMC Corp., Philadelphia, Pa. A. 19. 4. 71, B. 2. 10. 73. Kl.: 264 – 207, Int. Kl.: D 01f 3/26. 5 Anspr. A.-Z.: 135452.

GBP 1333986. Verfahren zum Verformen von Zellprotein. Inh.: Kyowa Hakko Kogyo Co. Ltd. A. 15. 1. 71, B. 17. 10. 73. Kl.: B5.B, C3.H, Int. Kl.: D 01f 5/00, A 23j 3/00, A 23p 1/00. A.-Z.: 2169/71. Prior.: 2. 2. 70 (JA; A.-Z.: 8440).

JAP 7356903. Synthetische Acrylfolien. Erf.: *Naoyuki Yonemoto*. Inh.: Mitsubishi Rayon Co. Ltd. A. 22. 11. 71, B. 10. 8. 73. Kl.: 29 B 112, 42 D 24. A.-Z.: 7193938.

SUP 406978 (Urheberschein). Verfahren zur Herstellung von Polyestermonofilen. Erf.: *V. E. Geller* u. *L. I. Brodskaja*, A. 22. 2. 72, B. 21. 11. 73. Int. Kl.: D 01f 7/04, 7/06. A.-Z.: 1750696/23 – 5.

USP 3766002. Faservliesstoffe. Erf.: *Donald S. Greif, Fred D. Schultz* u. *Henry R. Hernandez*. Inh.: National Starch and Chemical Corp., New York, N. Y. A. 2. 12. 70, B. 16. 10. 73. Kl.: 162 – 146, Int. Kl.: D 01f 7/00, B 32b 3/00. 10 Anspr. A.-Z.: 94602.

D 02. Garne; mechanische Veredlung von Garnen oder Seilen; Schären oder Bäumen

D 02g. Kräuseln oder Krimpfen (Texturieren) von Fasern oder Fäden, Zwirnen oder Garnen; Garne oder Zwirne

FRP 2174372 (B). Polypropylenfaden erhöhter Elastizität. Inh.: Uniroyal Inc. A. 1. 3. 72, B. 7. 12. 73. Int. Kl.: D 02g 1/00. A.-Z.: 7207082.

JAP 7353025. Gekräuselter Polypropylenfaserstoff. Erf.: *Shogo Ohya, Toshio Kitao, Shinji Nose, Takshi Kodama* u. *Hiroshi Yoshimoto*. Inh.: Osaka Soda Co. Ltd. A. 5. 11. 71, B. 25. 7. 73. Kl.: 42 D 21, 25(1) C 111,82. A.-Z.: 7188515.

USP Re 27773 Neuaufl. USP 3518734. (A.-Z.: 711057. A. 6. 3. 68, B. 7. 7. 70, S. 134/71). Verfahren zum kontinuierlichen Texturieren oder Bauschen von Textilmaterial. Erf.: *Julius Hermes*. Inh.: Martin Processing Co., Inc., Martinsville, Va. A. 27. 1. 71, B. 2. 10. 73. Kl.: 28 – 72,1, Int. Kl.: D 02g 1/00. 3 Anspr. A.-Z.: 110347.

USP 3762148. Texturierverfahren und -vorrichtung. Erf.: *Herbert T, Thrower jr.*. Inh.: Hoechst Fibers Inc., Spartanburg, S. C. A. 27. 3. 72, B. 2. 10. 73. Kl.: 57 – 77,3, Int. Kl.: D 02g 1/04, D 01h 7/92. 34 Anspr. A.-Z.: 238087. Entspr. DTO 2314542 u. FRP 2178039.

USP 3763525. Verfahren und Vorrichtung zur Dampfstrahlkräuselung. Erf.: *James YacKnight Washington*. Inh.: Allied Chemical Corp., New York, N. Y. A. 1. 12. 71, B. 9. 10. 73. Kl.: 28 – 1,3, Int. Kl.: D 02g 1/20, 1/16. 11 Anspr. A.-Z.: 203616. Entspr. DTO 2258342 u. FRP 2164255.

USP 3765068. Verfahren und Vorrichtung für die Stauchkammerkräuselung von Garnen. Erf.: *Pierre L. L. M. Rietjens*. Inh.: Akzona Inc., Asheville, N. C. A. 13. 7. 71, B. 16. 10. 73. Kl.: 28 – 1,7, Int. Kl.: D 02g 1/12. 6 Anspr. A.-Z.: 162066. Prior.: 14. 7. 70 (NL; A.-Z.: 7010429). Entspr. DTO 2133764 u. FRP 2101625.

USP 3763644. Flammfeste Textilien. Erf.: *Winston J. Jackson jr.* u. *William R. Darnell*. Inh.: Eastman Kodak Co., Rochester, N. Y. A. 9. 5. 72, B. 9. 10. 73. Kl.: 57 – 140 BY, Int. Kl.: D 02g 3/04, 3/44. 16 Anspr. A.-Z.: 251628.

DTO 2333712. Vorrichtung insbesondere zum Recken von Kunststoff-faserbändern mittels an Zylindern anliegenden Druckrollen. Erf. u. Anm.: *Joseph Marie Julien Sauvage*, Embourg, Lüttich (BE). A. 3. 7. 73, B. 24. 1. 74. Kl.: 29a, 6/31, Int. Kl.: D 01d 5/16. A.-Z.: P 2333712. Prior.: 6. 7. 72 (BE; A.-Z.: 43779).

PAPIER

D 21. Papierherstellung; Gewinnung von Cellulose bzw. Zellstoff

D 21c Gewinnung von Cellulose durch Abscheiden nichtcelluloseartiger Substanzen von celluloseschaltigen Stoffen; Wiedergewinnung der Zellstoff-ablaugen; Vorrichtungen dafür

DLP 103019. Verfahren zur Wiederverwendung und Nutzbarmachung von Halogenwasserstoffsäuren. Erf.: *Jürgen George, Günther Magister* u. *Wolfgang Reich*. Inh.: Institut für Zellstoff und Papier, Heidenau. A. 24. 4. 73, B. 5. 1. 74, Kl.: 55b, 1/01, Int. Kl.: D 21c 3/04. A.-Z.: WP D 2 c/170379.

DTO 2229673. Verfahren zur Herstellung von Phenolzellstoff. Erf. u. Anm.: *Moritz Heinrich* u. *Werner Schweers*. A. 19. 6. 72, B. 17. 1. 74. Kl.: 55b, 1/01, 12q, 14/01, 14/04, 39b5, 22/08, 12i, 31/02, Int. Kl.: D 21c 3/00, C 07c 37/00, 43/22, C 08g 22/08, C 01b 31/02. A.-Z.: P 2229673.

USP 3762990 (Zus. z. Pat. 3663358. A. 29. 4. 70. A.-Z.: 33044). Aufschluß von Lignocellulosematerial mit Cyanid- und Bisulfitionen bei einem pH-Wert von unter 7. Erf.: *Sten I. Falkehag, Alan M. Bills* u. *Harold L. Hintz*. Inh.: Westvaco Corp., New York, N. Y. A. 10. 1. 72, B. 2. 10. 73. Kl.: 162–83, Int. Kl.: D 21c 3/00. 6 Anspr. A.-Z.: 216811.

SWP 362909. Vorrichtung an kontinuierlichem Zellstoffkocher. Erf.: *T. Olson*. Inh.: Allmänna Svenska Elektriska AB, Västeras (SW). A. 18. 11. 72, B. 27. 12. 73. Int. Kl.: D 21c 7/12. A.-Z.: 14737/71.

USP 3764463. Verfahren und Vorrichtung für die chromatische Kontrolle der Zellstoffkochung. Erf.: *John A. Histed, William A. Lawford, Murray J. McLeod, Robert G. Wendeborn* u. *Dennis R. Catford*. Inh.: Canadian International Paper Co., Montreal, Quebec (CA). A. 14. 6. 71, B. 9. 10. 73. Kl.: 162–49, Int. Kl.: D 21c 7/12. 16 Anspr. A.-Z.: 152728. Entspr. DTO 2329890.

D 21h Karton, Papier; dessen Herstellung, soweit nicht durch D 21f erfaßt

USP 3758661. Verfahren zur Herstellung von synthetischem Papier. Erf. *Sadao Yamamoto, Seiichirou Honda* u. *Akira Nishio*. Inh.: Sekisui Kagaku Kogyo Kabushiki Kaisha, Osaka (JA). A. 24. 12. 70, B. 11. 9. 73. Kl.: 264–230, Int. Kl.: B 29c 17/02, B 29d 7/22, 7/24. 6 Anspr. A.-Z.: 101436. Prior.: 26. 12. 69. 29. 12. 69, 12. 1. 70, 16. 1. 70 (JA; A.-Z.: 44/539, 44/540, 44/219, 45/3674, 45/3675, 45/3676, 45/4656, 45/4657).

Sektion G. Physik

G 01. Messen; Prüfen

G 01b Messen der Länge, der Dicke oder von ähnlichen linearen Dimensionen; Messen von Winkeln; Messen von Flächen; Messen von Unregelmäßigkeiten von Flächen oder Umrissen

USP 3768303. Mit Luft betriebener Miniatur-Meßkopf für Garn. Erf.: *William Theodore Rauch*. Inh.: General Electric Co., New York, N. Y. A. 15. 2. 72, B. 30. 10. 73. Kl.: 73–37,7, Int. Kl.: G 01b 13/02. 9 Anspr. A.-Z.: 226437.

G 01d Anzeigen oder Aufzeichnen in Verbindung mit Messen allgemein; Einrichtungen oder Instrumente zum Messen von zwei oder mehr Veränderlichen, soweit sie nicht in einer anderen Unterklasse besonders aufgeführt sind; Tarifmeßgeräte; Messen oder Prüfen, soweit nicht eine andere Unterklasse vorgesehen ist

USP 3762220. Kontinuierliche Entwicklung von Kräuselung in Garn. Erf.: *James A. Gusack, Bernard B. Stephens* u. *James A. Stevens*. Inh.: Don Badische Co., Williamsburg, Va. A. 10. 1. 72, B. 2. 10. 73 .Kl. 73–160, Int. Kl.: G 01f, 21/00. 4 Anspr. A.-Z.: 216835.

G 01n Untersuchen der chemischen oder physikalischen Eigenschaften von Stoffen

SUP 409112 (Urheberschein). Viskosimeter für flüssige Medien. Erf.: *N. R. Jusupbekov, R. A. Chakimov, T. Z. Zakirov* u. *A. A. Alimbaev*. Anm.: Taškentskij politechničeskij institut. A. 23. 6. 72, B. 30. 11. 73. Int. Kl.: G.01n 11/00. A.-Z.: 1800809/26–25.

SUP 409113 (Urheberschein). Vorrichtung zur kontinuierlichen Viskositätskontrolle flüssiger Produkte. Erf.: *I. N. Kogan* u. *A. Z. Černjak*. A. 29. 8. 72, B. 30. 11. 73. Int. Kl.: G 01n 11/04. A.-Z.: 1825501/26–25.

SUP 409114 (Urheberschein). Kapillarviskosimeter. Erf.: *N. R. Musebekov* u. 4 weitere. Anm.: Taškentskij politechničeskij institut. A. 31. 7. 72, B. 30. 11. 73. Int. Kl.: G 01n 11/08. A.-Z.: 1815614/26–25.

SUP 407224 (Urheberschein). Verfahren zur Bestimmung der Kräuselung von Textilfäden. Erf.: *V. I. Šakina, M. P. Nosov* u. *S. G. Osinin*, A. 13. 8. 68, B. 21. 11. 73. Int. Kl.: G 01n 29/00. A.-Z.: 1263403/28–12.

USP 3750461. Verfahren und Vorrichtung zur Bestimmung des Querschnittes von Produkten der Textilindustrie, speziell von Garnen, Vorgarn und Faserbändern. Erf.: *Ernst Felix*. Inh.: Zellweger Ltd., Uster (CH). A. 16. 6. 71, B. 7. 8. 73. Kl.: 73–67,5, Int. Kl.: G 01n 29/00. 22 Anspr. A.-Z.: 153765.

Literaturschau

Auszug aus Lieferung 8 und 9/1974 der Literaturschau „Faserstoffe und Textiltechnik", zusammengestellt von der Abteilung Information und Dokumentation des Instituts für Polymerenchemie der AdW der DDR, 153 Teltow-Seehof, Kantstr. 55

I. Polymerwissenschaft

Die führende Rolle der USA in der Polymertechnologie ist in Gefahr. Chem. engng. News **52** (1974) 1, S. 24–26.

Flory, P. J.: Wo steht die makromolekulare Wissenschaft? Angew. Chemie **86** (1974) 3, S. 109–110.

Analyse- und Untersuchungsmethoden

Bur, A. J., Fetters, L. J.: Messung der Intrinsic-Viskosität an stäbchenförmigen Poly-n-butylisocyanat und Poly-n-octylisocyanat. Macromolecules, Washington **6** (1973) 6, S. 874–879.

Berger, M. N., Cervenka, A.: Verallgemeinerte Exponentialfunktion als ein Modell für die Verteilung der relativen Molekülmasse in Polyhexylisocyanat. European Polymer J. **10** (1974) 2, S. 205–209.

Nordhaus, D. E., Kinsinger, J. B.: Brillouin-Spektroskopie von Makromolekül-lösungen. J. Polymer Sci.: Polymer Symposia (1973) 43, S. 251 bis 265.

Bogatzki, B., Nittka, B.: Neue Methoden zur UV-spektrosphotometrischen Bestimmung des Gesamt- und Oberflächenoligomerengehaltes von Polyestermaterialien. Faserforsch. u. Textiltechnik/Z. Polymerforsch. **25** (1974) 3, S. 120–124.

Thomas, E. L., Ast, D. G.: Bildverstärkung und die Elektronenmikroskopie von strahlungsempfindlichen Polymeren. Polymer, London **15** (1974) 1, S. 37–41.

Taylor, C. A., Welberry, T. R.: Mehrdeutigkeiten bei der Interpretation von diffuser Röntgenstreuung. European Polymer J. **10** (1974) 1, S. 19 bis 20.

Fuchs, O.: Theorie und Leistung der chromatographischen Verfahren. Colloid Polymer Sci./Kolloid-Z. u. Z. Polymere **252** (1974) 1, S. 66–67. (engl.)

Okumoto, T., Takeuchi, T., Tsuge, S.: Pyrolyse-gaschromatographische Untersuchung der Sequenzverteilung von Diaden in Styrol-m-Chlorstyrol- und Styrol-p-Chlorstyrolcopolymeren. Macromolecules, Washington **6** (1973) S. 922–924.

Vasile, C., Onu, A., Popa, O., Mateli, T.: Turbidimetrische Untersuchung von Lösungen des Polyäthylenterephthalats. Materiale plast., Bucureşti **10** (1973) 12, S. 631–635.

El-Kodsi, G., Schurz, J.: Chemische Charakterisierung von Hochpolymeren. IV. Stickstoffhaltige Polymere. Papier **28** (1974) 3, S. 101–106.

Powell, D. A.: Bestimmung des Vinylharzgehaltes in Vinyl-Asbest-Bodenbelag. Fresenius' Z. analyt. Chemie **268** (1974) 4, S. 279–284. (engl.)

Zachmann, H. G.: Untersuchung des Glasüberganges und des Schmelzens von Polymeren durch magnetische Kernresonanz. J. Polymer Sci.: Polymer Symposia (1973) 43, S. 111–123.

Rinaudo, M., Milas, M.: Bestimmung der thermodynamischen Selektivitätsparameter von Polyelektrolyten durch Potentiometrie und Mikrokalorimetrie. Macromolecules ,Washington **6** (1973) 6, S. 879–881.

Ausgangsstoffe, Monomere und Oligomere

Weigert, W. M., Haschke, H.: Acrolein – eine Schlüsselverbindung der organischen Chemie. Chemiker-Ztg. **98** (1974) 2, S. 61–69.

Polymersynthesen

Kroker, R., Schneider, M., Hamann, K. (Schreibw. i. Orig.: *Šnejder, M.*): Polymerreaktionen an der Oberfläche von pulverförmigen Stoffen. USp. Chimii (Fortschr. Chemie) **43** (1974) 2, S. 349–369.

Kučanov, S. I.: Berechnung des Einflusses des Dosierungsverfahrens von Monomeren auf die Verteilung der relativen Molekülmassen von bei einer Nichtgleichgewichtspolykondensation in homogener Phase entstehenden Reaktionsprodukten. Vysokomol. Soed. (Hochmol. Verbind.) Seriaja B: Kratkie Soobšč. (Kurzmitt.) **16** (1974) 2, S. 136–140.

Dolgoplosk, B. A.: Stereospezifische Polymerisation und Natur von aktiven Zentren. Vestnik Akad. Nauk SSSR (Mitt. Akad. Wiss. UdSSR) (1974) 3, S. 40–46.

Ovčinnikov, V. I., Gluman, S. S., Gitis, S. S., Aleksandrov, V. N., Simonova, T. A., Fajngol'd, N. I.: Ermittlung optimaler Oxydationsbedingungen von p-Cymol zu Terephthalsäure. Chim. Prom., Moskva (Chem. Ind.), (1974) 3, S. 8(168)–11(171).

Schroeder, H. A.: Carboranpolymere. Nouva Chimica, Milano **50** (1974) 2, S. 65–68.

Lapienis, G., Penczek, S.: Bildung von Nucleinsäuren als Karkasse bei ionischen Polymerisationsvorgängen. Nuova Chimica, Milano **50** (1974) 2, S. 43–46.

Lineare Polymere mit Kohlenstoffkette

Asai, M., Tazuke, S.: Durch Metallsalze initiierte Photoreaktionen von N-Vinylcarbazol. III. Durch Tetra-n-butylammoniumtetrachlor- und tetrabromaurat (III) in aprotischen Lösungsmitteln sensibilisierte photokationische Polymerisation. Zum Initiierungsmechanismus. Macromolecules, Washington **6** (1973) 6, S. 818–823.

Hirahara, T., Inoue, H., Minoura, Y.: Polymerisation von Vinylmonomeren durch die Reaktionsprodukte von Diphenylsulfoxid mit Kalium. European Polymer J. **10** (1974) 1, S. 109–113.

Ulbricht, J., Thenn Vu guy: Einfluß von Redoxsystemen auf den Polymerisationsgrad und die Uneinheitlichkeit von Polyvinylchlorid. Plaste u. Kautschuk **21** (1974) 3, S. 186–189.

Ranogajec, F., Kočetov, E. V., Markevič, M. A., Enikolopjan, N. S., (Schreibw. i. Orig.: *Kotchetov, E. V., Markevitch, M. A., Enikolopyan, N. S.*): Durch Triäthylphosphin initiierte zwitterionische Polymerisation von Methacrylnitril. J. Polymer Sci.: Polymer Symposia (1973) 42 (Teil 2), S. 531–539.

Barson, C. A., Batten, R. A., Robb, J. C.: Telomerisation von Styrol mit Bromtrichlormethan. European Polymer J. **10** (1974) 1, S. 97–99.

Lineare Polymere mit Heterokette

Kim, S., Stannett, V. T., Gilbert, R. D.: Eine neue Klasse biologisch abbaufähiger Polymerer. J. Polymer Sci.: Polymer Letters Ed. **11** (1973) 12, S. 731–735.

Simionescu, C., Vasiliu-Oprea, C., Noguleanu, C.: Synthesen von neuen Polymeren durch Abbaumethoden. I. Mechnisch-chemische Polykondensation und Polykondensation durch Bestrahlung mit 60Co-γ-Strahlen von Polyäthylenterephthalat mit Äthylendiamin. European Polymer J. **10** (1974) 1, S. 61–70.

Králíček, J., Kubánek, V., Kondeliková, J.: Anionische Copolymerisation von Bislactamen mit 6-Caprolactam. Coll. czechoslov. chem. Commun. **39** (1974) 3, S. 742–749.

Vygodskij, Ja. S. u. a. (Schreibw. i. Orig.: *Vygodsky, Ya. S.*): Bildungskinetik von Polyamiden in Lösung. Nuova Chimica, Milano **50** (1974) 2, S. 87–89.

Stoenciu, A., Fedotova, O. Ja. (Schreibw. i. Orig.: *Fedotova, O. Ya.*): Aromatische Polyimide. I. Synthese von Mischpolypyromellithimiden. Materiale plast., Bucureşti **11** (1974) 1, S. 15–17.

Koršak, V. V., Cejtlin, G. M., Žuravkov, O. S., Šerman, F. B., Klimova, V. A.: Bildungskinetik von Polyamid auf der Basis von Bis-(4-amino-3-methoxyphenyl)-methan und Pyromellithsäureanhydrid in Lösung. Vysokomol. Soed. (Hochmol. Verbind.), Serija B: Kratkie Soobšč. (Kurzmitt.) **16** (1974) 2, S. 99–103.

Saegusa, T., Ikeda, H.: Isomerisationspolymerisation von 2-Oxazolin. VI. Kinetische Untersuchung der durch Methyljodid initiierten Polymerisation von 2-Methyl-2-oxazolin. Macromolecules, Washington **6** (1973) 6, S. 808–811.

Koršak, V. V., Turska, Ė. A., Sinjarska-Kapustinska, M., Vasnev, V. A., Vinogradova, S. V., Pavlova, S. A., Vasil'ev, A. V., Dubrovina, L. V.: Über die durch katalytische Polyveresterung in Gegenwart von Akzeptoren synthetisierten Polyacrylate des 1,1-Bis-(4-hydroxyphenyl)-1-phenyläthans. Vysokomol. Soed. (Hochmol. Verbind.), Serija B: Kratkie Soobšč. (Kurzmitt.) **16** (1974) 2, S. 147–150.

Feldman, D.: Ionische Polymerisation des Vinylchlorids. Materiale plast. Bucureşti **10** (1973) 12, S. 640–643.

Löhr, G., Schulz, G. V.: Kinetik der anionischen Polymerisation von Methy.-methacrylat in Tetrahydrofuran mit Caesium und Natrium als Gegenionen. European Polymer J. **10** (1974) 2, S. 121–130.

Chaprio, A., Lesaulnier, P.: Strahlungschemische Copolymerisation von Acenaphthylen und Vinylcarbazol im kristallinen Zustand. European Polymer J. **10** (1974) 2, S. 171–191. (franz.)

Cyclische Polymere

Telegin, G. F., Kireev, V. V., Koršak, V. V.: Synthese und Untersuchung von Polymeren auf der Basis von Chlorcyclophosphazenen und aromatischen Tetraaminen. Vysokomol. Soed. (Hochmol. Verbind.), Serija B.: Kratkie Soobšč. (Kurzmitt.) **16** (1974) 2, S. 75–79.

Polymermischungen und -Kompositionen

Yasuda, H.: Durch Plasmapolymerisation von organischen Verbindungen hergestellte Membranen für die reverse Osmose. Appl. Pooymer Symposia (1973) 22, S. 241–253.

Serafini, T. T., Delvigs, P.: Übersicht über verarbeitbare, hochtemperaturbeständige Verbundharze vom Additionstyp. Appl. Polymer Symposia (1973) 22, S. 89–100.

Allen, G., Bowden, M. J., Lewis, G., Blundell, D. J., Jeffs, G. M., Vyvoda, J.: Durch Polymerisation von Vinylmonomeren in Hohlräumen von Polyurethanelastomeren entstehende Verbunde. 4. Herstellung, Eigenschaften und Struktur von Verbunden mit Acrylnitril und Styrol. Polymer, London **15** (1974) 1, S. 19–27.

Allen, G., Bowden, M. J., Todd, S. M., Blundell, D. J., Jeffs, G. M., Davies, W. E. A.: Durch Polymerisation von Vinylmonomeren in Hohlräumen von Polyurethanelastomeren entstehende Verbunde. 5. Änderung des Moduls mit der Zusammensetzung. Polymer, London **15** (1974) 1, S. 28 bis 32.

Chemische Umsetzungen an Polymeren

Overberger, C. G., Sannes, K. N.: Polymere als Reagentien für organische Synthesen. Angew. Chemie **86** (1974) 4, S. 139–145.

Patel, G. N., Keller, A.: Über den Einfluß von ionisierender Strahlung auf Kohlenwasserstoffe und Polyäthylen im kristallinen Zustand. J. Polymer Sci.: Polymer Letters Ed. **11** (1973) 12, S. 737–743.

Krkoška, P., Hritzová, A.: Nitrofuranderivate der Cellulose. I. Herstellung von 5-Nitro-2-Furoylcellulose. Vyskum. Práce odboru Papiera a Celulózy (Forsch-Arb. Papier-Zellstoffind.). In: Papír a Celulóza **29** (1974) 2, S. V2–V4.

Pfropfung

Guthrie, J. T., Haq, Z.: Synthese von Cellulosepfropfcopolymeren und ihre Analyse durc UV- und IR-Spektroskopie. Polymer, London **15** (1974) 3. S. 133–136.

Huglin, M. B., Zlatev, V. B.: Einige Eigenschaften von Polyäthylen, terephthalat-Acrylsäure-Copolymeren und -Ionomeren. European Polymer J. **10** (1974) 2, S. 199–203.

Abbaureaktionen

Carlsson, D. J., Wiles, D. M.: Die Beteiligung von Singulett-Sauerstoff ($1\Delta g$) am photochemischen Abbau von Polypropylen. Betrachtungen über den Ursprung von $^1O_2$ im Polymeren. J. Polymer Sci.: Polymer Letters Ed. **11** (1973) 12, S. 759–765.

Vajman, Ė. Ja., Fichman, V. D., Pakšver, A. B.: Dehydrochlorierung von Polyvinylchlorid in aprotischen polaren Lösungsmitteln. Vysokomol. Soed. (Hochmol. Verbind.), Serija B.: Kratkie Soobšč. (Kurzmitt.) **16** (1974) 2, S. 108–110.

Sazanov, Ju. N., Ikvorcevič, E. P., Milovskaja, E. B. (Schreibw. i. Orig. *Sazanov, Yu. N., Skvortsewich, E. P., Milovskaya, E. B.*): Thermischer Abbau von mit anionischen Katalysatoren hergestelltem Polymethylmethacrylat. J. thermal. Anal. London/Budapest **6** (1974) 1/2, S. 53–58.

Physik und physikalische Chemie von Polymeren

Min Gon Kim: Bemerkungen zur Arbeit „Stationäres Fließen und dynamische viskoelastische Eigenschaften von verzweigtem Polyäthylen" (J. J. Labaig, Ph. Monge und J. Bednarick, Polymer, London **14** (1973) S. 384–386). Polymer, London **15** (1974) 2, S. 123–124.

Andrews, E. H.: Beziehungen zwischen Struktur und Eigenschaften von Polymeren. Angew. Chemie **86** (1974) 4, S. 151–160.

Schaefer, J.: Verteilungen der Korrelationszeiten und ^{13}C-KMR-Spektren von Polymeren. Macromolecules, Washington **6** (1973) 6, S. 882–888.

Semenov, N. N., Kondrat'ev, V. N., Emanuėl,' N. M.: Chemische Physik in der Akademie der Wissenschaften der UdSSR. Vestnik Akad. Nauk SSSR (Mitt. Akad. Wiss. UdSSR) (1974) 2, S. 49–63.

Zachmann, H. G., Gölz, W.: Untersuchung der Molekülbeweglichkeit und der Kristallordnung in Polyäthylen durch hochauflösende magnetische Kernresonanz. J. Polymer Sci.: Polymer Symposia (1973) 42 (Teil 2), S. 693–700.

Laupretre, F., Monnerie, L.: Konformationsenergien von Polyphenylenoxidmodellen. European Polymer J. **10** (1974) 1, S. 21–28. (franz.)

Jambrich, M., Diačik, I., Fusek, K., Mizerák, P., Dzubasova, H.: Eine Untersuchung der Strukturänderungen bei der diskontinuierlichen und kontinuierlichen Herstellung von Polypropylenfaserstoffen. Chem. Vlákna Svit (Chemiefaserstoffe), **23** (1973) 6, S. 119–124.

Wilkes, Ch. E., Walters, M. R.: Die Härte als ein schnelles, zuverlässiges Maß für die Polymerkristallisation. J. Polymer Sci.: Polymer Symposia (1973) 43, S. 19–27.

Hörhold, H. H., Opfermann, J.: Untersuchungen über Polyacrylenvinylene. 8. Mitt.: Elektrische und photoelektrische Eigenschaften von Poly-p-diphenylenvinylenen. Faserforsch. u. Textiltechnik/Z. Polymerforsch. **25** (1974) 3, S. 108–111.

Polymere Festkörper

Hands, D., Lane, K., Sheldon, R. P.: Wärmeleitfähigkeiten von amorphen Polymeren. J. Polymer Sci.: Polymer Symposia (1973) 42 (Teil 2), S. 717–726.

Mandelkern, L.: Mehrphasenstruktur und Eigenschaften von kristallinen Polymeren. J. Polymer Sci.: Polymer Symposia (1973) 43, S. 1–8.

Hardy, G., Cser, F., Takács, E.: Untersuchung des binären Systems eines kristallinen Monomeren und seines Polymeren. J. Polymer Sci.: Polymer Symposia (1973) 42 (Teil 2), S. 663–669.

Tjuleneva, N. K., Lovačev, L. A., Šljapnikov, Ju. A. (Schreibw. i. Orig.: *Tyuleneva, N. K., Lovachev, L. A., Shlyapnikov, Yu. A.*): Oxydation eines ungleichmäßig inhibierten Polymeren. European Polymer J. **10** (1974) 1, S. 37–40.

Derjagin, B. V., Toporov, Ju. P., Alejnikova, I. N., Sokolina, G. A., Burta-Gapanovič, L. N.: Einfluß der Beleuchtung der Oberfläche eines Halbleiters auf seine Adhäsionseigenschaften gegenüber Polymerteilchen. Dokl. Akad. Nauk SSSR (Ber. Akad. Wiss. UdSSR) **215** (1974) 1, S. 123 bis 126.

Marvel, C. S.: Wärmebeständige Polymere. Appl. Polymer Symposia (1973) 22, S. 47–56.

Whitaker, P. M., Nieduszynski, I. A., Atkins, E. D. T.: Strukturaspekte von Natriumcellulose II. Polymer, London **15** (1974) 2, S. 125–127.

Kapuckij, V. E., Jurkštovič, T. L., Kapuckij, F. N.: Quellung von Salzen der Monocarboxylcellulose in binären wäßrig-organischen Systemen. Vysokomol. Soed. (Hochmol. Verbind.), Serija B: Kratkie Soobšč. (Kurzmitt.) **16** (1974) 2, S. 79–83.

Takizawa, A., Hamada, T., Okada, H., Imai, S., Kadota, S.: Permeabilität einer Reihe von Alkoholen durch Poly-γ-methyl-D-glutamat. Polymer, London **15** (1974) 3, S. 157–161.

Scandola, M., Pizzoli, M., Drusiani, A., Garbuglio, C.: Dynamisch-mechanische Eigenschaften und Schmelzpunkte von einigen aliphatischen und partiell aromatischen Polyamiden. European Polymer J. **10** (1974) 1, S. 101–107.

Wilson, Ph. S., Lee, S., Boyer, R. F.: Thermische Ausdehnung und differentialregistrierkalorimetrische Erscheinungen im γ-Relaxationsbereich ($\approx 150\,°K$) von Polyamid 6.6, Polyamid 11 und Äthylen-Vinylacetat-Copolymerem. Macromolecules, Washington **6** (1973) 6, S. 914–918.

Bottei, R. S., McEachern, C. P.: Thermogravimetrische Untersuchung einiger divalenter Metallchelatpolymerer von Dithiooxamid. J. thermal Anal. London/Budapest **6** (1974) 1/2, S. 37–43.

Illers, K.-H.: Der γ-Relaxationsprozeß von verzweigtem Polyäthylen. Colloid Polymer Sci./Kolloid-Z. u. Z. Polymere **252** (1974) 1, S. 1–7.

Braginskij, R. P., Poljakov, A. A., Finkel, E. E.: Über den Einfluß der thermischen Oxydation auf die Leitfähigkeit von Polyäthylen. Vysokomol. Soed. (Hochmol. Verbind.), Serija B; Kratkie Soobšč. (Kurzmitt.) **16** (1974) 2, S. 128–131.

Hatakeyama, T., Hashimoto, T., Kanetsuna, H.: Kompresibilität von Polyäthylen unter Druck bis zu 5000 kp/cm². Colloid Polymer Sci./Kolloid-Z. u. Z. Polymere **252** (1974) 1, S. 15–19. (engl.)

Kanetsuna, H., Mitsuhashi, S., Iguchi, M., Hatakeyama, T., Kyotani, M., Maeda, Y.: Druckeinfluß auf die Kristallisation von Polyäthylen. J. Polymer Sci.: Polymer Symposia (1973) 42 (Teil 2), S. 783–793.

Hutson, G. V., Scott, G.: Der Verarbeitungseinfluß auf die Lichtstabilität von stabilisiertem und nichtstabilisiertem Polyäthylen. European Polymer J. **10** (1974) 1, S. 45–50.

Polymerschmelzen

Stafford, J. W.: Kristallisationskinetik von hochkristallinen Polymeren. J. Polymer Sci.: Polymer Symposia (1973) 42 (Teil 2), S. 837–845.

Chanzy, H. D., Bonjour, E., Marchessault, R. H.: Bei der Polymerisation von Äthylen entstehende Strukturen. II. Kalorimetrische Untersuchungen Colloid Polymer Sci./Kolloid-Z. u. Z. Polymere **252** (1974) 1, S. 8–14. (engl.)

Polymerlösungen und -dispersionen

Batty, N. S., Guthrie, J. T.: Lösungsmittelbeständige Membranen. Polymer, London **15** (1974) 2, S. 127.

Mazur, J., Guttman, Ch. M., McCrackin, F. L.: Monte Carlo-Untersuchungen von Polymerketten mit Eigenwechselwirkung und ausgeschlossenem Volumen. II. Kettengestalt. Macromolecules, Washington **6** (1973) 6, S. 872–874.

Meyerhoff, G., Sütterlin, N.: Lösungsverhalten von Äthylcellulose in organischen Lösungsmitteln. J. Polymer Sci.: Polymer Symposia (1973) 42 (Teil 2), S. 943–949.

Cvetkov, V. N., Rjumcev, E. I., Aliev, F. M., Štennikova, I. N. (Schreibw. i. Orig.: *Tsvetkov, V. N., Riumtsev, E. I., Shtennikova, I. N.*): Rotationsreibung, Dipolmomente, Konformation und Steifheit von Polybutylisocyanatmolekülen in Lösung. European Polymer J. **10** (1974) 1, S. 55 bis 60.

Reinisch, G.: Zur $[\eta]$-M_n-Beziehung für Polycaprolactam in 95,6%iger Schwefelsäure. Faserforsch. u. Textiltechnik/Z. Polymerforsch. **25** (1974) 3, S. 111–114.

Cincu, C.: Eigenschaften verdünnter Lösungen von alternierendem Styrol-Acrylnitril-Copolymeren. European Polymer J. **10** (1974) 1, S. 29–36.

Applikation von Polymeren

VKE-Forschungsprogramm „Wiederverwertung von Kunststoffabfällen". Kautschuk u. Gummi. Kunststoffe **27** (1974) 2, S. 71–72.

Rembaum, A.: Biologische Aktivität von „Ionen“-Polymeren. Appl. Polymer Symposia (1973) 22, S. 229–317.
Pahlke, G., Friedrich, R.: Persorption von mikrokristalliner Cellulose. Naturwiss. **61** (1974) 1, S. 35.
Alfrey, T.: Die mechanische Verarbeitung von thermoplastischen Polymeren. Angew. Chemie **86** (1974) 3, S. 121–123.
Steege, H.-H., Philipp, B.: Herstellung, Charakterisierung und Anwendung mikrokristalliner Cellulose. Zellstoff u. Papier **23** (1974) 3, S. 68–73.
Chehata, A.: Einfluß der mikrokristallinen Cellulose auf einige Papiereigenschaften. Papier **28** (1974) 3, S. 97–100.
Norris, J. M., Ehrmantraut, J. W., Gibbons, C. L., Kociba, R. J., Schwetz, B. A., Rose, J. Q., Humiston, C. G., Jewett, G. L., Crummett, W. B., Gehring, P. J., Tirsell, J. B., Brosier, J. S.: Die mit der Wahl von Decabromdiphenyloxid als Flammschutzmittel verbundenen toxikologischen und Umweltschutzfaktoren. Appl. Polymer Symposia (1973) 22, S. 195–219.

Sonderfragen

Skulačev, V. P.: Rolle der Membranstrukturen in der Bioenergetik. Vestnik Akad. Nauk SSSR (Mitt. Akad. Wiss. UdSSR) (1974) 3, S. 47–58.
Calvin, M.: Biopolymere: Entstehung, Chemie und Biologie. Angew. Chemie **86** (1974) 3, S. 111–120.

II. Faserstoffe

Naturfaserstoffe

Pflanzliche Faserstoffe

Marosi, J.: Die ungarische Hanfindustrie auf neuen Wegen. Magyar Textiltechnika **27** (1974) 2, S. 65–68.
Krzyształowska, H.: Einfluß des Leinrostes und der angewandten Fungizide auf den Ertrag bei Flachsfasern. Przegl. włókienn. (Textil-Rdsch.) **27** (1973) 12, S. 609–611.
Mackiewicz, Z.: Einfluß der Bodensorten auf die Qualität und Leistung der Flachsfaser. Przegl. włókienn. (Textil-Rdsch.) **27** (1973) 12, S. 612–614.
Ward, T. L., Benerito, R. R.: Anlagerung von Blei aus Natriumplumbit-Lösung an modifizierten Baumwollen. Textile Res. J. **44** (1974) 1, S. 12 bis 20.

Tierische Faserstoffe

Polesskaja, S. F., Korčagin, M. V.: Pfropfung von Vinylmonomeren auf Seidenfibroin mit Hilfe von Verbindungen des fünfwertigen Vanadiums. Ž. vsesojuz. chim. Obšč. Mendeleeva (Z. chem. Allunions-Mendelejew-Ges.) **19** (1974) 1, S. 111–112.
Červendinev, A., Statulov, I.: Vorräte an Woll- und Sekundärrohstoffen bei den Genossenschaftsbauern. Tekstil. Prom. (Textil-Ind.) Sofija, **22** (1973) 10, S. 526–530.

Chemiefaserstoffe

Zschaeck, H.: Faseroptik – Eignungs- und Anwendungsmöglichkeiten. Technik **29** (1974) **4**, S. 235–240.
Geßner, W.: Einsatz von Chemiefasern im Bereich der OE-Spinnerei. Textil-Praxis internat. **29** (1974) 2, S. 170–174.
Lehning, H.: Rohölversorgung und Chemiefaserindustrie in Westeuropa. Chemiefasern/Textil-Ind. **24/76** (1974) 3, S. 163–164.
Revesz, H.: Neue Möglichkeiten einer Kaskadenregelung bei Extrudern mit Hilfe einer torsionsempfindlichen Schneckenspitze. Kunststoffe **64** (1974) 1, S. 25–29.
Wiederverwertung von Kunststoffabfällen. Chem. Ind. **26** (1974) 1, S. 24, 25–26.

Chemiezellstoff

Nellbeck, L.: Kommt eine Renaissance für Chemiezellstoff? Svensk Papperstidn. **77** (1974) 3, S. 76–78, 79–84. (engl.)
Samuelson, Olof, Stoepe, Lennart: Abbau von Kohlenhydraten während der Sauerstoffbleiche. 3. Metallverbindungen als Inhibitoren bei Modellversuchen mit Cellobiit. Svensk Papperstidn. **77** (1974) 1, S. 16–26.

Synthetische Faserstoffe

Polyamidfaserstoffe

Schultze-Gebhardt, F.: Zur Aussage des „statischen“ E-Moduls synthetischer Fasern. Faserforsch. u. Textiltechnik/Z. Polymerforsch. **25** (1974) 3, S. 125–127.
Holy, G., Glöckner, G.: Über den Einfluß von Waschbehandlungen auf die Licht- und Wärmebeständigkeit von Polyamid-6-Seiden. Faserforsch. u. Textiltechnik/Z. Polymerforsch. **25** (1974) 3, S. 115–120.
Sakai, R.: Eine neue Methode zur Herstellung von Polyamidfäden für Reifencord. Chem. Vlákna (Chemiefaserstoffe) Svit, **23** (1973) 6, S. 150 bis 157.
Mehr antistatische Polyamid-Teppichgarne. Chemiefasern/Textil-Ind. **24/76** (1974) 3, S. 186.

Polyesterfaserstoffe

Hoffrichter, S.: Einfluß des Reckens auf die Eigenschaften von Polyester- und Copolyesterfäden. Teil 2. Die Veränderung der physikalisch-chemischen und textilphysikalischen Eigenschaften beim einstufigen Recken. Faserforsch. u. Textiltechnik/Z. Polymerforsch. **25** (1974) 3, S. 100 bis 107.
Lacko, V.: Die Eigenschaften der Sulfogruppen beim Modifizieren eines faserbildenden Polyesters. Chem. Vlákna, Svit (Chemiefaserstoffe) **23** (1973) 6, S. 138–143.

Polyacrylnitrilfaserstoffe

Koch, P.-A., Wegener, W., Merkle, R., Altunbas, E. T.: Elektronenmikroskopische Untersuchungen an Polyacrylfasern, mit einigen Beispielen anderer Synthesefasern. Chemiefasern/Textil-Ind. **23/75** (1973) 10, S. 981 bis 983; 11, S. 1114–1117; **24/76** (1974) 1, S. 51–56; 3, S. 220–223.

Sonstige synthetische Faserstoffe

Geleji, F., Druzsbaczky, G.: Struktur von Bikomponentenfaserstoffen auf Polypropylenbasis. J. Polymer Sci.: Polymer Symposia (1973) 42 (Teil 2), S. 713–716.

Künstliche mineralische Faserstoffe

Kern, W. F.: Dynamische Dauerfestigkeitsprüfungen von Stahlcord in Gummi-Verbundkörpern – Einsatz der Umlaufbiegemaschine. Teil II. Kautschuk u. Gummi. Kunststoffe **27** (1974) 2, S. 57–67.

Kohlenstoffaserstoffe

Moreton, R., Watt, W.: Reißfestigkeit von Kohlenstoff-Fäden. Nature, London **247** (1974) 5440, S. 360–361.

III. Fäden-Herstellungstechnologien

Spinnerei. Zwirnerei

Barella, A., Vigo, J. P.: Ein Beitrag zur Untersuchung der Eigenschaften von Baumwollgarnen, die teilweise mit Polyamid plattiert, sind. J. Textile Inst. **65** (1974) 2, S. 104–111.

Spinnereivorbereitung

Červendinev, A., Kurteva, S., Pendova, N.: Bandqualität und Leistungsfähigkeit der Kleinkarde CMM-450-4. Tekstil. Prom. Sofija (Textil-Ind). **22** (1973) 9, S. 450–453.

Spinnerei

Frey, M.: Ausgewählte Aspekte des OE-Spinnens. Textil-Praxis internat **29** (1974) 2, S. 160–164.
Heimpel, F., Rottmayr, H.: Einfluß der Läuferreiniger-Einstellung auf das Fadenbruchverhalten an der Ringspinnmaschine. Textil-Praxis internat. **29** (1974) 2, S. 177–178.
Neue Garne – Verarbeitung und Möglichkeiten. I. Tex/Textilis, Gent (1974) 3, S. 12–13.
Machnio, M. St.: Probleme beim Spinnen nach Offen-End-Spinnverfahren von Halbkammgarnen und Streichgarnen. Przegl. włókienn. (Textil-Rdsch.) **27** (1973) 11, S. 568–571.
Lagemann, B.: OE-Garne für die Teppichindustrie. Chemiefasern/Textil-Ind. **24/76** (1974) 3, S. 190–192.
Hättenschwiler, P., Bühler, M.: Entstehung und Häufigkeit von Garnverdickungen. Internat. Textil-Bull. (1973) 4, S. 429–430, 433–434, 437–438, 441–442, 445–446, 449.

Zwirnerei

Kaltenecker, M.: Die Gestaltung der Warenstruktur in der ungarischen Nähzwirn- und Handarbeitszwirnproduktion 1950 bis 1980. Magyar Textiltechnika **27** (1974) 2, S. 50–56.

Erzeugnisse der Spinnerei und Zwirnerei

Projnov, F., Projnov, G., Nikolov, M., Kalpazanov, V., Petkov, D.: Einfluß einiger Faktoren auf die Qualität von Garnen für Maschenwaren. Tekstil. Prom., Sofija (Textil-Ind.) **22** (1973) 9, S. 472–478.
Mrożewski, Z., Popkowska, G.: Einfluß der Parameter von Offen-End-Garnen auf die Eigenschaften von Maschentextilien in Rechts/Links-Bindung. Przegl. włókienn. (Textil-Rdsch.) **27** (1973) 12, S. 625–628.

Texturfäden

Schätzle, H.: Spinnstrecken – Schnellspinnen – Strecktexturieren. Internat. Textil-Bull. (1973) 4, S. 373–374, 379–380.

IV. Flächengebilde-Herstellungstechnologien

Auerbach, W.: Problematik der Produktionsentwicklung in der Seiden-Deko-Industrie. Przegl. włókienn. (Textil-Rdsch.) **27** (1973) 12, S. 649 bis 653.

Materialvorbereitung

Trauter, J.: Die wichtigsten physikalischen Einflüsse beim Schlichtprozeß in ihren Auswirkungen auf das Webverhalten der Fäden. Textil-Praxis internat. **29** (1974) 2, S. 168–169.

Weberei

Weberei-Technologie

Hänel, T.: Elektronisches Meßverfahren zur Bestimmung der Schützengeschwindigkeit an Kleinschützen-Webautomaten, als Grundlage der optimalen Maschineneinstellung. Magyar Textiltechnika **27** (1974) 2, S. 45–49.
Wnuk, J.: Einfluß der Gewebestruktur auf den Webewiderstand. Przegl. włókienn. (Textil-Rdsch.) **27** (1973) **11**, S. 574–577.

Erzeugnisse der Weberei

Onions, W. J., Kubba, S. M.: Die Auswirkung der Rückenschicht auf die Dauerhaftigkeit von Wollteppichen. J. Textile Inst. **65** (1974) 2, S. 111 bis 112.
Wentz, D.: Über 3300 Teppichbodenqualitäten in Westeuropa. Chemiefasern/Textil-Ind. **24/76** (1974) 3, S. **166**.
ten Hoevel, B.: Entwicklungstendenzen für textile Bodenbeläge. Chemiefasern/Textil-Ind. **24/76** (1974) 3, S. 157–158, 160, 162.
Boteva, L., Georgijev, Z., Zselev, Z., Jahneva, T.: Über Erzeugungsmöglichkeiten texturierter Stoffe aus Mischung von Acrylfasern „Bulana“ mit zweierlei Schrumpfkoeffizienten. Magyar Textiltechnika **27** (1974) 2, S. 69–70.

Wirkerei und Strickerei. Konfektionstechnik. Sonstige Technologien

Wirkerei. und Strickerei-Technologie

Neue Rundstrickmaschine für texturierte Garne im Knit-de-Knit Verfahren. Chemiefasern/Textil-Ind. **24/76** (1974) 3, S. 202, 204.
Elektronik in der Wirkerei. II. Tex/Textilis, Gent (1974) 3, S. 31–33.
Miljait, Z.: Elektronische Steuerung von Rundstrickmaschinen. Inform. Přehled, Výzkumný Úst. Pletařský, Brno (Inform.-Übers. Wirkerei-Inst.) (1973) 5/6, S. 23–38.
Börner, G., Heine, G.: Die Möglichkeiten der Kettenwirktechnik in Gegenwart und Zukunft. Bekleid. u. Maschenware **13** (1974) 1, S. **4**–7.
Vogel, F.: Maschenverzug – Entstehung und Beseitigung. Bekleid. u. Maschenware **13** (1974) 1, S. 8–9.

Erzeugnisse der Wirkerei und Strickerei

Förster, E., Vogel, F.: Einflußfaktoren auf die Konstanz der Masse je Flächeneinheit und Breite bei Gestricken aus Baumwollmischgarnen für Untertrikotagen. Textiltechnik **24** (1974) 2, S. 114–119.
Schuler, B. G., Ring, W., Henning, H.-J.: Einfluß verschiedener Kreuzspulfärbungen auf die Eigenschaften und das Laufverhalten eines Wollkammgarnes auf Rundstrickmaschinen. Wirk.- u. Strick.-Technik **24** (1974) 3, S. 133–139.
Offermann, P.: Großrundgestrickte Oberbekleidung. Bekleid. u. Maschenware **13** (1974) 1, S. 10–12.
Stachowiak, C.: Gewirke für Möbel- und Autobezüge. Przegl. włókienn. (Textil-Rdsch.) **27** (1973) 11, S. 585–589.
Okrojek, C., Lesiakowska, K., Filipiak, I.: Eigenschaften und Anwendungsmöglichkeiten von Elaston in der Maschenwarenindustrie. Bekleid. u. Maschenware **13** (1974) 1, S. 13–16.

Auf Strick- und Wirkmaschinen hergestellte Bouclé- und Polartikel. Vêtir Paris (1974) 2, S. 50–55.

Stein, W., Graband, H. W., Schuler, B. G., v. d. Weyden, H., Hesse, R. Bernst, H.-J., Schellenberger, G., Becker, O.: Textile Meßtechnik für die Maschenindustrie. Wirk-. u. Strick.-Technik **24** (1974) 3, S. 158–160.

Konfektion

Reich, G.: Untersuchungen zur Gestaltung optimaler Nahtverbindungen an Erzeugnissen aus Gewirken und Gestricken. Bekleid. u. Maschenware (1974) 1, S. 33–35.

Siewert, I.: Untersuchungen zur Hochfrequenz-Schweißbarkeit von Polyamid 6. Bekleid. u. Maschenware **13** (1974) 1, S. 40–43.

Textilverbundstoffe

Mohamed, M. H.: Neue Fäden und neue Spinntechnologie Bobtex ICS. Textilia, Milano **50** (1974) 2, S. 65–69.

Symcox, R. O.: Vinyl- und Polyurethanverbindungen für Verbundstoffe. Textilia, Milano **50** (1974) 2, S. 43–45.

Smigielski, E.: Teppichfliesen, IV. Tex/Textilis, Gent (1974) 3, S. 22–24.

Faserverbundstoffe. Vliesstoffe

Schmidt, S.: Naßverfahren zur Verbundstofferzeugung. Magyar Textiltechnika **27** (1974) 3, S. 116–122.

Knaus, R.: Die aerodynamische Vliesbildung. Chemiefasern/Textil-Ind. **24/76** (1974) 3, S. 209–216.

Schichtstoffe

Bercsényi, L. G.: SYTAL Kunstleder mit Luft- und Dunstdurchlässigkeit. Magyar Textiltechnika **27** (1974) 2, S. 75–76.

Reutec-Verfahren zur Herstellung von poromerem Material. Chemiefasern/Textil-Ind. **24/76** (1974) 3, S. 216–217.

V. Textilveredlung

Bassilios, H. F., Farag, A. A., Asfour, H. M.: Ökonomische Bewertung des kombinierten Färbens und Bleichens von Baumwollgeweben mit Direktfarbstoffen und Wasserstoffperoxid. Koloristikai Értesitö (Kolor. Rdsch.) **16** (1974) 1/2, S. 26–30. (engl.)

Farbstoffe. Textilhilfsmittel

Čekalin, M. A.: Reaktivfarbstoffe. Ž. vsesojuz. chim. Obšč. Mendeleeva (Z. chem. Allunions-Mendelejew-Ges.) **19** (1974) 1, S. 41–49.

Ufimcev, V. N., Arinič, L. V.: Azodispersionsfarbstoffe. Ž. vsesojuz. chim. Obšč. Mendeleeva (Z. chem. Allunions-Mendelejew-Ges.) **19** (1974) 1, S. 50–57.

Papierski, J.: Pologen-Farbstoffe. Przegl. włókienn. (Textil-Rdsch.) **27** (1973) 11, S. 593.

Bleicherei. Sonstige Vorbehandlungsverfahren der Textilveredlung

Duckworth, C., Horsley, J. V., Thwaites, J. J.: Bleichkessel „Vaporloc" für kontinuierliche Arbeitsweise im Dauerbetrieb. Galaxia, Buenos Aires (1973) 42, S. 8–15.

Bowrey, R. M., Brooke, C. M., Robinson, B.: Ein neues Silicon-Behandlungsverfahren zur Herstellung maschinenwaschbarer Wollartikel auf Lösungsmittelbasis. Wirk.- u. Strick.-Technik **24** (1974) 3, S. 147–148. 150–152.

Färberei

Szuchy, L., Mitykó, J., Gajdács, M.: Anwendung der Dünnschichtchromatographie bei der Betriebskontrolle von Färbetechnologien. Koloristikai Értesitö (Kolor. Rdsch.) **16** (1974) 1/2, S. 31–39.

Pelinka, E.: Physiko-chemische Probleme des Färbens modifizierter Polypropylenfaserstoffe. Chem. Vlákna., Svit (Chemiefaserstoffe), **23** (1973) 6, S. 132–137.

Dinu, M., Grindae, M.: Änderung des Gehaltes an sauren Gruppen im Polyacrylnitrilfaserstoff bei Heißbehandlung unter Bedingungen des Färbens mit kationischen Farbstoffen. Materiale plast., Bucureşti **11** (1974) 1, S. 35–36.

Gur-Arieh, Z., Ingamells, W. G.: Die Rolle des Benzylalkohols bei dem mit Lösungsmittel unterstützten Färben von Polyacrylnitrilfaserstoffen. J. Soc. Dyers Colourists **90** (1974) 1, S. 8–11.

Brooks, A.: Färben von Kleidungsstücken. British Knitting Ind. **46** (1973) 532, S. 36, 38, 40, 73–75.

Druckerei

Vellins, C. E.: Umdrucken von Acrylfaserstoffen. British Knitting Ind. **46** (1973) 532, S. 50, 53–54.

Topalov, K.: Möglichkeiten für eine Vervollkommnung des Filmdrucks auf Tischen. Tekstil. Prom., (Textil-Ind.), Sofiaj **22** (1973) 9, S. 469–472.

Mitter-Drucksystem für Teppich-Großrapporte. Chemiefasern/Textil-Ind. **24/76** (1974) 3, S. 204–205.

Ausrüstung

Seidel, M.: Faktoren, die die Hochveredelung beeinflussen. Tex/Textilis, Gent (1974) 3, S. 36–38, 41–47.

Heinz, R.: Hygienische Ausrüstung – Bedürfnis oder Forderung? Textilreinigung **21** (1974) 3, S. 77–79.

Einsele, U., Adidarma, H.: Versuche zur Verbesserung der Soil-Release-Eigenschaften von Baumwolle durch chemische Modifizierung der Faser. Textil-Praxis internat. **29** (1974) 2, S. 188–190, 199–200.

Wagner, I.: Das Verhalten in Säure behandelter Reinwollstoffe bei verschiedenen Dekatierungsverfahren. Magyar Textiltechnika **27** (1974) 2, S. 61–64.

Benisek, L.: Verbesserung der natürlichen Flammfestigkeit der Wolle. Teil I. Anwendungen von Metallkomplexen. J. Textile Inst. **65** (1974) 2, S. 102–108.

Shishoo, R., Holst-Wallin, E. M., Cednäs, M.: Untersuchung der Knittereigenschaften von Wollstoffen. Teil I. Behandlungen zur Verbesserung der Knittererholung von Wollstoffen. Textile Res. J. **44** (1974) 1, S. 30 bis 34.

Kullman, R. M. H., Reinhardt, R. M.: Vernetzung der Baumwolle in unbeheizter dehydrierender Atmosphäre. Textile Res. J. **44** (1974) 1, S. 24 bis 29.

Hartmann, F. F.: Bedeutung von Naturkautschuk-Latex für die Teppichrückenbeschichtung. Chemiefasern/Textil-Ind. **24/76** (1974) 3, S. 207 bis 209.

Wäscherei. Chemische Reinigung

Otto, G.: Erarbeitung eines Qualitätssicherungssystems. Textilreinigung **21** (1974) 3, S. 70–72.

Ebert, H., Sauer, H.: Mangelwäsche-Vorbereitung. Reiniger u. Wäscher **27** (1974) 3, S. 23–26.

Schüler, J.: Lederreinigung aus der Sicht des Gerbers. Textilreinigung **21** (1974) 3, S. 82–85.

VI. Werkstoffprüfung. Meß- und Prüftechnik. Standardisierung

Materialeigenschaften und Materialfehler

Kryszowski, M., Mucha, M.: Einfluß der UV-Bestrahlung auf einige physikalische Eigenschaften von Vinylidenchloridcopolymeren. Plaste u. Kautschuk **21** (1974) 3, S. 172–181.

Dolecki, S. K.: Die Gründe der Kettfadenbrüche während des Webens gesponnener Fäden. J. Textile Inst. **65** (1974) 2, S. 68–74.

Tomoika, M. K., Zeronian, S. H.: Morphologische Untersuchungen an Geweben, die mit Flammverzögerern behandelt waren. Textile Res. J. **44** (1974) 1, S. 1–4.

Gur-Arich, Z., Ingamells, W.: Die Plastifizierung und Quellung von „Acrilan" unter Färbebadbedingungen. J. Soc. Dyers Colourists **90** (1974) 1, S. 12–14.

Eršov, Ju. A., Kričevskij, G. E.: Lichtbeständigkeit von gefärbten Polymermaterialien. Usp. Chimii (Fortschr. d. Chemie) **43** (1974) 3, S. 537–563.

Rusznák, I., Bertalan, Gy., Bereck, A., Trézl, L., Zaoui, A.: Die Wirkung von Lichtstabilisatoren, Pigmenten und Polymer-Additionsstoffen auf die Lichtstabilität der Polyolefinfilme. Magyar Textiltechnika **27** (1974) 3, S. 97–103.

Čobanov, G.: Die relative Kontaktfläche – eine Kennziffer für den Einfluß der Bindung auf die Scheuerfestigkeit und Pillingbildung. Tekstil. Prom. (Textil-Ind.), Sofija **22** (1973) 9, S. 463–464.

Meß- und Prüftechnik

Fugiglando, P.: Elektrostatisches Verhalten von Mokett und Typ der verwendeten Schuhsohlen. Textilia, Milano **50** (1974) 2, S. 25–29.

Crow, R. M., Gillespie, T. J., Slater, K.: Das Trocknen textiler Flächengebilde. Teil I. Die Beziehung zwischen Feuchteaufnahme, Taupunkt-Temperatur und Lufttemperatur. Teil II. Die Beziehung zwischen Luftfeuchte und Gewebetemperatur. J. Textile Inst. **65** (1974) 2, S. 75–81; 82–86.

Landwehr, R. C., Stigter, D.: Eine einfache und elektrophoretische Methode für Fasermaterial. Textile Res. J. **44** (1974) 1, S. 45–47.

Balcerzyk, E.: Effektive Abdruckmethoden für elektronen-mikroskopische Prüfungen der Faseroberfläche. Przegl. włókienn. (Textil-Rdsch.) **27** (1973) 11, S. 551–555.

Brzeziński, St., Kaczmarczyk, W.: Forschungen über die Anwendungsmöglichkeiten einer Laborbewertungsmethode der Anfärbbarkeit und Qualität von Garnen aus endlosen Chemiefasern. Przegl. włókienn. (Textil-Rdsch.) **27** (1973) 11, S. 571–573.

Zielińska, B.: Prüfung der Scheuerfestigkeit von Geweben auf dem Prüfgerät FF-21. Przegl. włókienn. (Textil-Rdsch.) **27** (1973) 11, S. 578 bis 583.

Rouselle, M.-A., Nelson, M. L.: Das Aufdrehen von Garnen in Beziehung zu dem Durable-Press-Ausrüstungsverhältnis von vernetzten Baumwollgeweben. Textile Res. J. **44** (1974) 1, S. 71–74.

Standardisierung. Terminologie

Haida, A.: Im Mittelpunkt der RGW-Standard. Bericht über die 33. Sitzung der Ständigen Kommission des RGW für Standardisierung. Standardisierung u. Qualität **20** (1974) 3, S. 112–114.

Einführung des Standards „SI" (Système International d'Unités) auf dem Textilsektor. Textilia, Milano **50** (1974) 2, S. 83–89.

Bernstein, U.: Standardisierte neue Naßbehandlungsverfahren. Textilreinigung **21** (1974) 3, S. 73–74.

Kosler, W.: Standardisierung als Mittel zur Entwicklung der sozialistischen Wirtschaftsintegration auf dem Gebiet der chemischen Industrie. Standardisierung u. Qualität **20** (1974) 3, S. 109–111.

VII. Betriebstechnik. Ökonomie. Tagungsberichte und dgl.. Sonderfragen

Betriebstechnik

Herbrand, L.: Umweltschutz und Chemischreinigung. Reiniger u. Wäsche **27** (1974) 3, S. 27–28.

Finkelstein, J., Schmulewitz, Th.: Erforschung der Umwelteinflüsse auf den Arbeiter und deren Differenzierung. Wirk.- u. Strick.-Technik **24** (1974) 3, S. 130–133.

Rozelle, L. T., Cadotte, J. E., Nelson, B. R., Kopp, C. V.: Ultradünne Membranen zur Behandlung von Abwässern durch reverse Osmose. Appl. Polymer Symposia (1973) 22, S. 223–239.

Jasminov, A. A., Majzlik, D. L.: Neue hocheffektive Methoden zur Entsalzung von natürlichem Wasser und zur Reinigung von Abwässern. Chim. Prom. (Chem. Ind.), Moskva (1974) 3, S. 22(182)–29(189).

Ökonomie

Neuanlagen durch deutsche Ingenieur-Firmen. Chem. Ind. **26** (1974) 1, S. 93–97.

Kaltenecker, M.: Über die Beurteilungsmerkmale der Modernität der Warenstruktur in der Baumwollindustrie. Magyar Textiltechnika **27** (1974) 3, S. 123–129.

Ogden, J.: Projekt-Planung. Die Marketing-Funktion. Textile Inst. Ind. **12** (1974) 2, S. 38–41.

Die größten Textil-Unternehmen der Welt. Chemiefasern/Textil-Ind. **24/76** (1974) 3, S. 172.

Sonderfragen

Clark, J. E.: Feuergefahren bei Polymermaterial. Appl. Polymer Symposia (1973) 22, S. 181–183.

De Ris, J.: Verfahren zur Aufstellung von Modellen für die Vorhersage von Bränden. Appl. Polymer Symposia (1973) 22, S. 185–193.

Lyman, D. J.: Kunststoffe in der Medizin. Angew. Chemie **86** (1974) 4, S. 145–150.

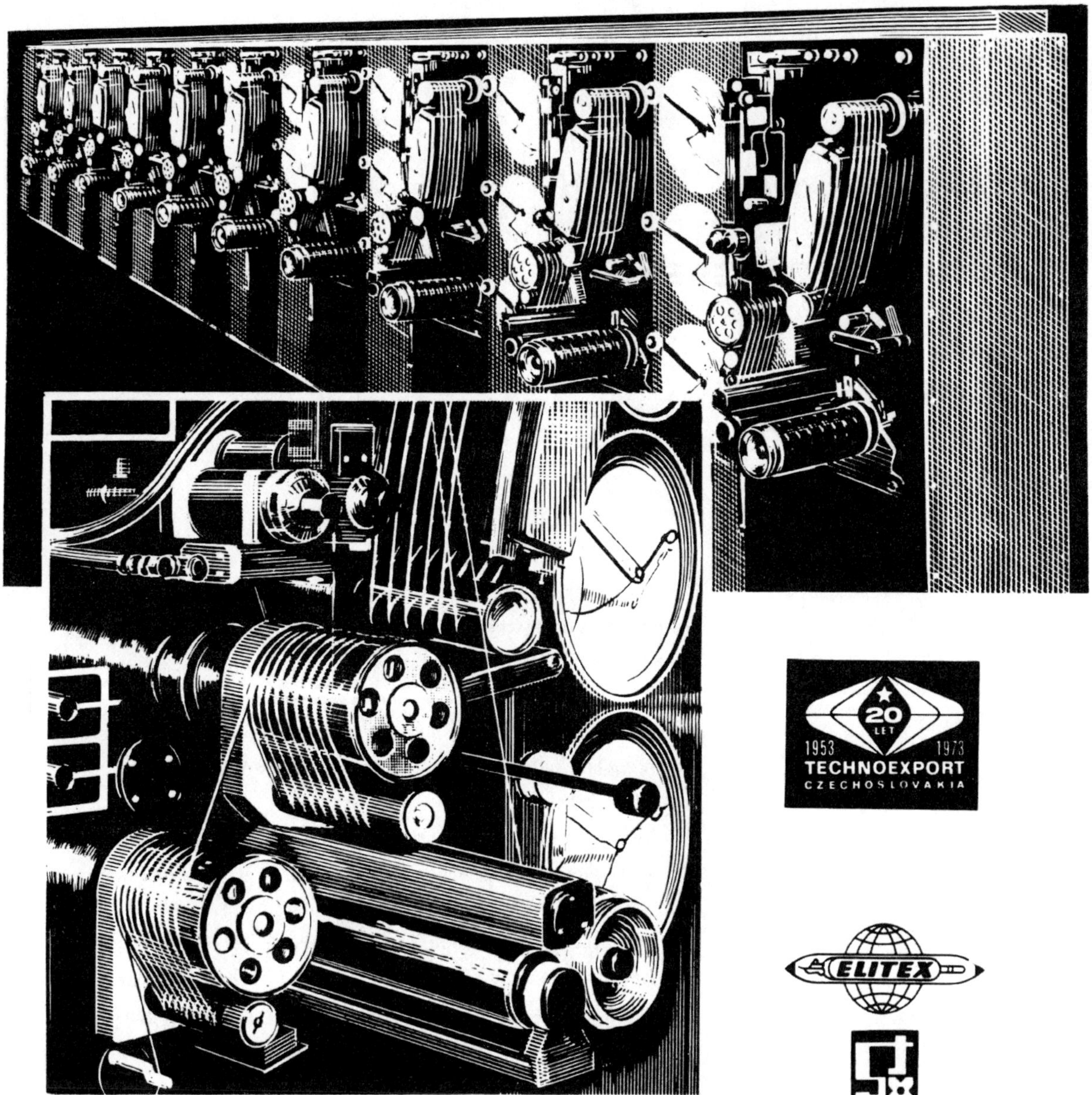

FSC
www.fsc.org
MIX
Papier | Fördert gute Waldnutzung
FSC® C083411

Zeitfracht Medien GmbH
Ferdinand-Jühlke-Straße 7
99095 Erfurt, Deutschland
produktsicherheit@kolibri360.de